农业农村部农民教育培训规划教材
中国工程院科技扶贫职业教育系列丛书

实用兽医技术

宋春莲　舒相华　主编

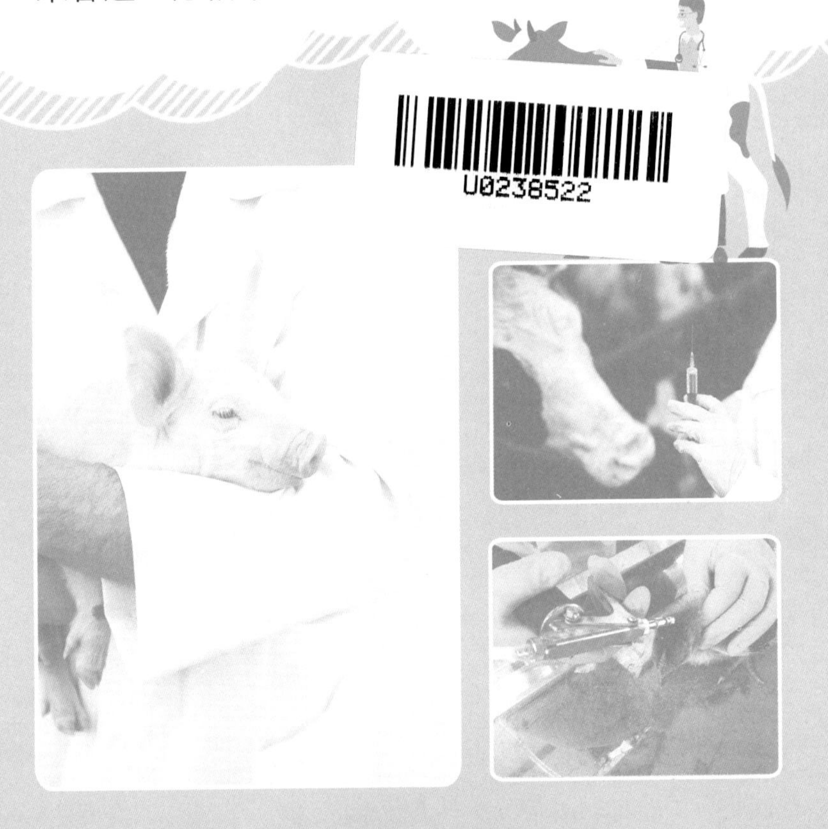

中国农业出版社
北　京

中国工程院科技扶贫职业教育系列丛书

编 委 会

编写人员名单

主　编　宋春莲　舒相华

副主编　李海昌　罗班乾

编　者（以姓名笔画为序）

王生奎　王艳芬　严玉霖　李文贵　李　俊
李海昌　李　鲜　李　鑫　李鑫汉　宋春莲
陈培富　罗班乾　罗　高　宗月兰　龚绍荣
舒相华　富国文

绘　图　杨　莹

序

习近平总书记指出："扶贫先扶智"。我国西南边疆直过民族聚居区，农业生产资源丰富，是不该贫困却又深度贫困的地区，资源性特长与素质性短板反差极大，科技和教育扶贫是该区域脱贫攻坚的重要任务。为了提高广大群众接受新理念、新事物的能力，更好地掌握农业实用技术知识，让科学技术在农业生产中转化为实际生产力，发挥更大的作用，达到精准扶贫的目的，中国工程院立足云南澜沧县直过民族地区，开设院士专家技能培训班，克服种种困难，大规模培养少数民族技能型人才，取得了显著的成效。

培训班围绕澜沧地区特色农业产业，淡化学历要求，放宽年龄限制，招收脱贫致富愿望强烈的学员，把课堂开在田间地头，把知识融于技术操作，把课程贯穿农业生产全流程，把学员劳动成果的质量、产量和经济效益作为答卷。通过手把手的培训，工学结合，学员们走出一条"学习—生产—创业—致富"的脱贫之路，成为实用技能型人才、致富带头人，并把知识和技能带回家乡，带动其他农户，共同创业致富。

为了更好地把科学技术送进千家万户，送到田间地头，满足广大群众求知致富的需求，院士专家团队在中国工程院、云南省财政厅、科技厅、农业农村厅等单位的大力支持下，在充分考虑云南省农业产业特点及读者学习特点的基础上，聚焦冬季马铃薯、林下三七、蔬菜、柑橘、中草药、热带果树、农村肉牛、肉鸡蛋鸡、生猪等具体产业，编著了"中国工程院科技扶贫职业教育系列丛书”共15分册。本套丛书涉及面广、内容精炼、图文并茂、通俗易懂，具有非常强的实用性和针对性，是广大农民朋友脱贫致富的好帮手。

科学技术是第一生产力。让农业科技惠及广大农民，让每一本书充分发挥在农业生产实践中的技术指导作用，为脱贫攻坚和乡村振兴贡献更多的智慧和力量，是我们所有编者的共同愿望与不改初心。

丛书编委会

2020年6月

前言

我国正进入社会主义发展新时代，农业农村农民问题是关系国计民生的根本性问题，全面建成小康社会和全面建设社会主义现代化强国，最艰巨最繁重的任务在农村，最广泛最深厚的基础在农村，最大的潜力和后劲也在农村。实施乡村振兴战略，是解决新时代我国社会主要矛盾、实现“两个一百年”奋斗目标和中华民族伟大复兴的中国梦的必然要求。“乡村振兴，产业兴旺”，农村应加快发展现代畜禽养殖业，推行标准化生产，打造一村一品新格局；加快发展现代高效养殖业，加强动物疫病防控技术，大力发展绿色生态健康养殖。农村畜禽养殖在快速发展的同时，受诸多致病因素的影响，家养动物疾病发生严重，特别是传染病和人畜共患病的发生，严重影响农村养殖业健康发展和人民身体健康。在偏远山区和少数民族聚居区，畜禽养殖仍然沿用着传统方式，缺乏科学的养殖技术和先进兽医技能。因此，急需一本既专业规范，又通俗易懂，适合广大农村养殖人员和兽医使用的实用兽医技术教材来指导生产。

作者总结国内外先进兽医技术和30多年农村兽医技能操作经验，收集整理材料，编写了《实用兽医技术》。本书图文并茂、浅显易懂。从动物疾病的发生、兽药基础知识、常见动物疾病诊断和防治以及人畜共患病防控等实用技术这一主线进行编写。既可作为农村养殖和兽医技术人员的读本，也可作为大专院校动物医学专业学生和开展兽医技能培训的参考教材。

本书在编写过程中得到了云南农业大学、云南省科技厅、昆明市科技局、澜沧县高级职业中学等单位的大力支持；云南省重大科技专项“云南省猪重要疫病防控技术体系构建及应用”(202102AE090007)、昆明动物疫病防控技术科技创新中心(20191N25318000003525）等项目的支持，以及云南省澜沧县中国工程院院士专家养殖班扶贫团队、云南农业大学动物医学院同仁、云南省高校畜禽重要疾病重点实验室和职业兽医朋友的帮助，在此一并表示衷心感谢。

由于时间和水平有限，书中难免有不足和错误之处，希望读者和同行不断提出修改意见，我们将不懈完善，使本书更生动更实用，为我国乡村振兴作出绵薄之力。

编　者

2021年7月

目录

第一章　动物疾病的发生

第一节　认识动物疾病

一、动物疾病

疾病不是恶魔的诅咒，不是潘多拉魔盒里面装的祸害和灾难，不是民间传说中的鬼怪作祟（图 1-1）。

图 1-1　疾病不是鬼怪作祟或被诅咒

1. 什么是动物疾病　动物机体受到内在或外界致病因素作用而产生的一系列损伤与抗损伤的复杂过程，表现为局部、器官、系统或全身的形态变化、功能障碍（图 1-2）。

疾病是一个复杂的过程。在健康情况下，动物机体与环境之间保持一种动态平衡，机体的结构和功能处于正常状态。从健康到疾病是一个由量变到质变的过程（图 1-3、图 1-4）。

2. 动物疾病的发生　当外界环境因素作用于机体细胞，达到足够强度和时间，就会引起细胞的损伤，受损伤的细胞出现功能、代谢紊乱和形态结构改变，进而波及身体的器官组织发生病变，最终引发疾病（图 1-5）。

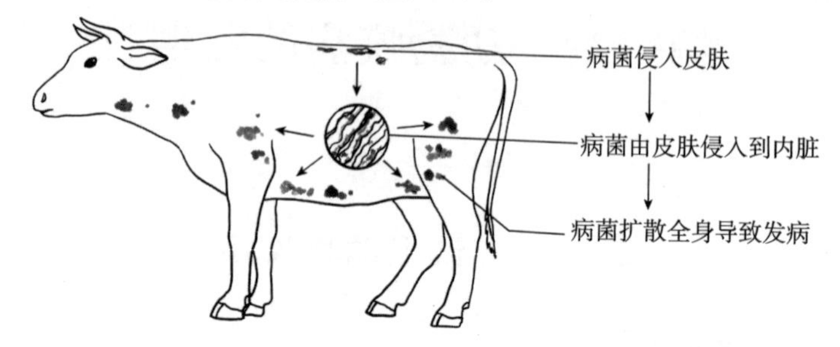

图 1-2　动物疾病的发生

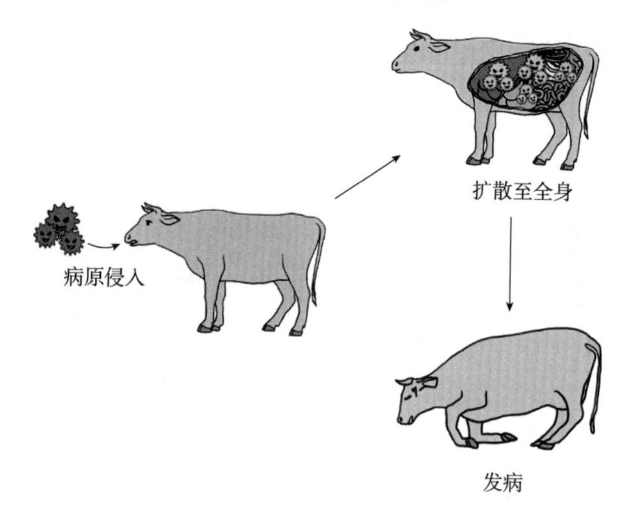

图 1-3　致病因素作用过程

图 1-4　动物疾病发生过程

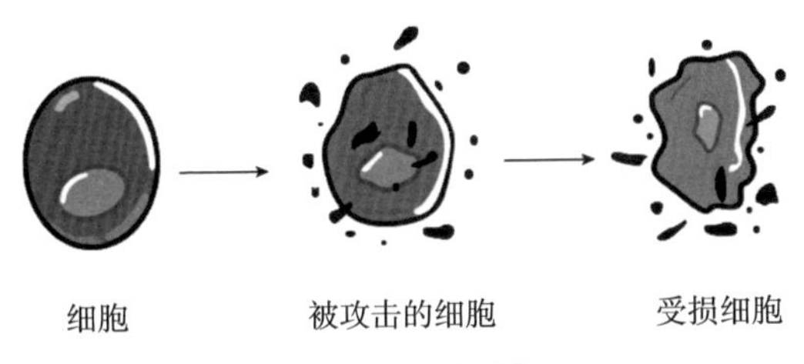

图 1-5　细胞受损

3. 动物疾病转归　疾病转归是指疾病过程的发展趋向和结局。它主要取决于致病因素作用于机体后发生的损伤与抗损伤反应，二者力量强弱与正确及时有效的治疗对疾病的影响较大。疾病的转归有完全康复、不完全康复和死亡三种形式。

（1）机体的防御能力大于损伤，疾病痊愈，机体康复。

（2）疾病发生后可能遗留某些不良后果为不完全康复（图1-6）。

图 1-6　不完全康复

（3）损伤大于机体的防御能力，则疾病恶化，甚至导致死亡（图1-7）。

图1-7 死亡

二、动物疾病发生原因

1. 外界原因

（1）物理性致病因素：温度、湿度、环境变化、噪声和应激等（图1-8），可导致动物发生应激反应、中暑、冻伤、外科和内科性疾病及生理功能紊乱等。

（2）化学性致病因素：兽药残留、有毒有害气体（如氨气，图1-9）、中毒等（图1-10）等，致使动物出现死亡、急性和慢性中毒症状。

（3）生物性致病因素：各致病性微生物，如病毒、细菌、支原体、真菌和寄生虫等感染（图1-11）。

图 1-8　环境、噪声和应激等

图 1-9　圈舍环境差

图 1-10　误食饲料毒物

（4）营养原因：摄入营养不足或日粮营养不充分等（图1-12）。如维生素、蛋白质缺乏，微量元素不足引起的各种疾病（图 1-13）。

图 1-11　生物性致病因素

图 1-12　日粮营养不充分

图 1-13　营养缺乏引起的症状

①缺铁性贫血：由于铁摄入不足或丢失过多致使血液中铁含量明显减少引起的一种贫血，动物表现为消瘦、免疫力低下、可视黏膜苍白。

②缺钙：由于钙缺乏而引起动物发生烦躁、潮热、易骨折、懒跑动等症状。

③缺锌：动物缺锌时，表现为食欲减弱、生长缓慢、皮毛粗乱等。

④缺硒：临床可见病畜拉绿色稀粪、叫声嘶哑、皮毛粗糙、食欲下降、眼睑浮肿、后肢摇摆、心跳加快等。剖检腹腔内脏器官黄染、苍白、出血、贫血等。主要发生于生长发育较快、膘情好的纯种猪。

⑤缺乏维生素：

缺维生素 A：毛发枯干，皮肤粗糙。

缺维生素 B_1：对外界刺激比较敏感，腿部有间歇性的酸痛。

缺维生素 B_2：出现各种皮肤性疾病。

缺维生素 B_3：口腔溃疡，精神沉迷。

缺维生素 B_6；皮痂特多，吞咽困难。

缺维生素 B_{12}：行动易失衡，出现跛行。

缺维生素 C：伤口不易愈合，消瘦。

缺维生素 D：幼畜容易发生佝偻病，老年动物骨质疏松，易骨折等。

⑥蛋白质营养不良：严重缺乏蛋白质，动物主要表现为营养不良综合征，如表皮黏膜干燥、裂纹、粗糙、红斑、溃疡、蜡样感、消瘦、贫血、低蛋白性水肿、常有腹泻和腹部膨胀。

2. 自身免疫原因　由于自身免疫缺陷或免疫功能改变导致疾病发生。

（1）免疫缺陷病：指动物的免疫器官、组织或细胞发育缺陷。

（2）免疫功能失常：病原和兽药导致机体免疫功能抑制、器质损伤，引起抵抗力下降，甚至因继发感染发病死亡（图1-14）。

图 1-14 免疫力低下导致发病

3. 遗传原因 遗传病、遗传变异。

（1）遗传病：由父母代向后代传递的疾病。遗传物质发生改变或由致病基因所控制的某些疾病，由母体垂直传播给后代并具有终身性带病等特征（图 1-15）。

图 1-15 遗传病由父母传给后代

(2) 遗传与变异：遗传是指父母代基因被选择或已经存在的基因重新组合出新的表现型，遗传大多数对物种没有坏处，也没有好处，属于中性。

变异是指基因突变、基因重组和染色体发生变异。变异是一个从无到有的过程，所产生的基因型在父母代找不到。对大多数物种变异坏处大于好处，只有少数变异有利于适应环境因素（图 1-16）。

图 1-16　遗传与变异

三、动物疾病发生发展的一般规律

1. 损伤与抗损伤　损伤与抗损伤是相对对立的两个方面，相互依存，贯穿于疾病的全过程，疾病的发展变化就是损伤和抗损伤斗争的结果（图 1-17）。

(1) 损伤：动物机体受到外界各种疾病因素作用，破坏机体各组织器官的结构，导致出现局部和全身反应。

(2) 抗损伤：发病同时，机体调动各种防御、代偿及修复机能来对抗疾病及其引起的损伤。

(3) 在疾病发生过程中，损伤与抗损伤斗争是推动疾病发展的基本动力，两者的强弱决定疾病的发展方向和结局。如动物接种疫苗获得免疫抗体，当机体受到病原攻击，此时抗体与病原能进行针锋相对的抗争。

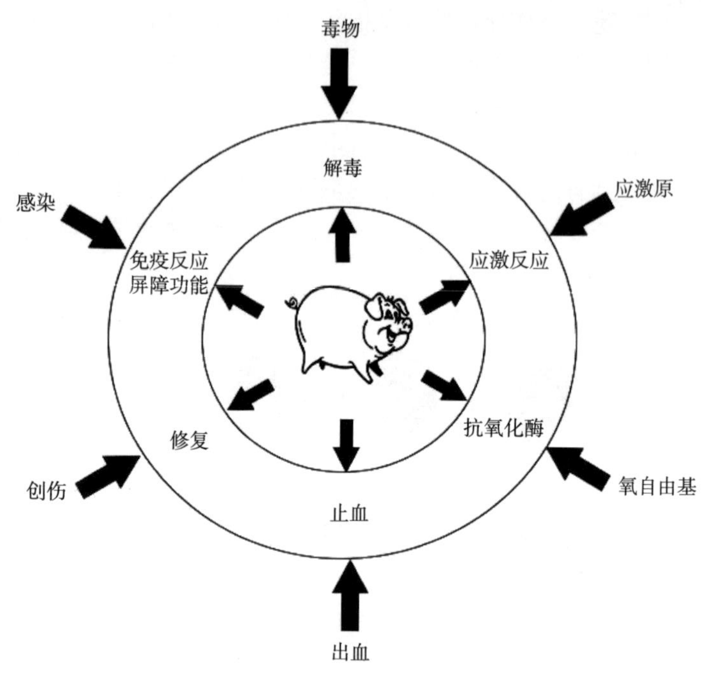

图 1-17　损伤和抗损伤

2. 因果交替　在病因的作用下，机体发生损伤性变化，这个损伤同时又作为新的病因引起新的变化，原因和结果交替出现，相互转化，推动疾病的发展。因果交替的发展常形成疾病的恶性循环，甚至死亡（图 1-18）。

如猪群因饲养环境条件差常引起呼吸道症状发生，这时若不及时治疗或改善环境条件会导致呼吸系统组织损伤，继发其他病原菌感染，导致病情加重或死亡，如果合理的治疗和护理，疾病也可转化为良性循环，机体会逐渐康复。

3. 局部与整体　疾病发生有局部表现和全身反应，如链球菌病由伤口感染后只是局部病变，如不及时治疗，局部感染可能发展成脑膜炎，出现全身感染，甚至导致动物死亡（图 1-19）。

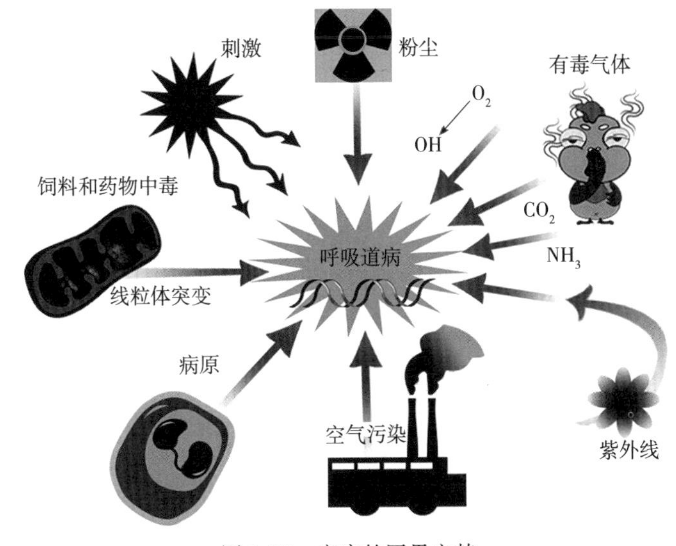

图 1-18　疾病的因果交替

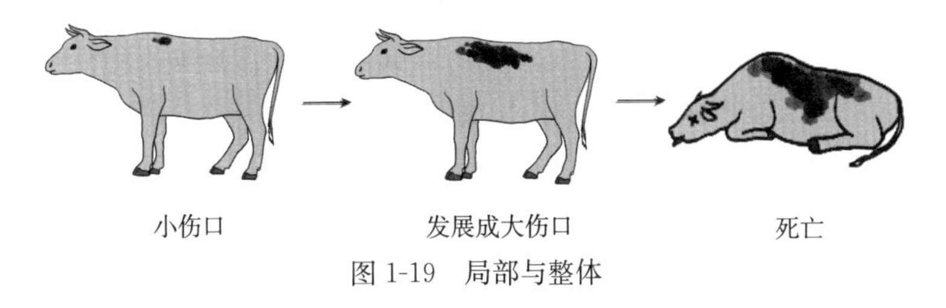

图 1-19　局部与整体

四、动物疾病的经过和结局

1. 病程　疾病从发生、发展到结局的过程，称为病程。一般疾病发展过程分为四期：潜伏期、前驱期、症状明显期、转归期。

（1）潜伏期：病原体侵入动物到最早出现临床症状的这段时间。

不同疾病的潜伏期长短不同，有的几小时、几天，有的长达数年。同一种传染病有固定的潜伏期。潜伏期疾病不容易被发现，平时必须加强保健、消毒和免疫接种等工作以消除疾病。

（2）前驱期：是疾病的征兆阶段，此时临床症状开始表现出来，但特征症状不明显。多数传染病的前驱期，仅可察觉到一般的症状，如体温升高、食欲减退、饮水异常、精神异常、腹泻等（图 1-20）。这个时期如能预判疾病的发生并采取群体对症治疗，可及时防止疾病的发展和流行。

图 1-20　疾病前驱期

（3）症状明显期：是疾病发展的高峰阶段，很多有代表性的特征性症状相继出现。不同的疾病有不同或相似的特征症状。通过临床检查和实验室检测，及时确诊病情，实施科学防治（图 1-21）。

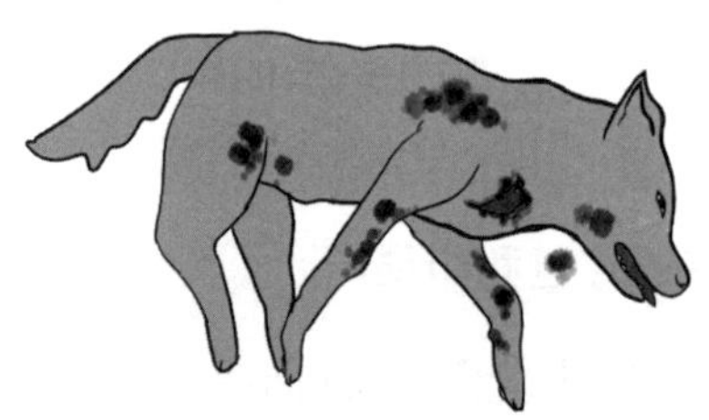

图 1-21　疾病明显期

（4）转归期：指病情的转移和发展，是疾病发展的最后阶段，有两个转归方向：康复或死亡（图 1-22）。

2. 康复　也称痊愈，机体各器官组织紊乱消失，生理功能恢复正常，机体处于平衡状态。完全康复是疾病转归的最佳结局（图 1-23）。但要注意有些病菌还会潜伏下来，伺机再次

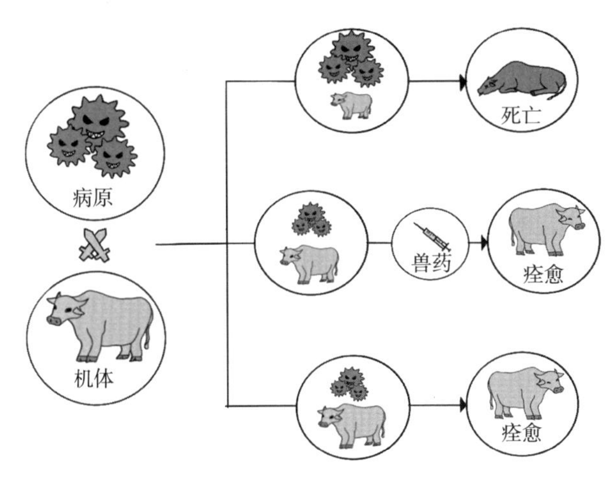

图 1-22　疾病的转归

图 1-23　完全康复

兴风作浪，所以要实时监控及检测，做好药物治疗和疫苗接种，对价值低的动物作淘汰处理（图 1-24）。

图 1-24　及时就医诊疗

3. 死亡　是指动物作为一个整体的心跳、呼吸和各种反射功能永久性停止。

第二节　动物常见疾病

一、动物传染病

1. 概念　凡是由病原微生物引起的，具有一定潜伏期和临诊表现，并具有传染性的能危害动物的疾病称为动物传染病（图 1-25）。

图 1-25　传染病

2. 传染病流行的三个基本环节　传染病在动物群中蔓延流行，必须具备三个相互连接的基本环节，即传染源、传播途径和易感动物（图 1-26）。

图 1-26　传染病三个环节

（1）传染源：也称传染来源，指有某种传染病的病原体在活的动物机体中寄居、生长、繁殖并能排出体外。具体说就是已受感染的动物，包括患病动物和携带病原体的动物（图 1-27）。

①患病动物。患病动物是最主要的传染源。

②病原携带者。携带病原体的动物其排出的病原量不及患

图 1-27　传染源

病动物，但是因为病原携带者无明显临床症状，很难被及时发现，所以属于危险传染源。

（2）传播途径：病原体由传染源排出后，经一定的方式再侵入其他易感动物所经的途径称为传播途径。传播方式可分水平传播和垂直传播两大类。

①水平传播。传染病在群体之间或个体之间以水平形式横向平行传播，包括直接接触传播和间接接触传播（图 1-28）。

图 1-28　水平传播

直接接触传播。患病动物通过直接接触将病原体传播给易感动物，该过程常见于同圈舍、集贸市场或运输车辆中。病原体通过污染的公畜精液，或污染某些物件、饲料和水直接传播。

间接接触传播。病原体通过某种媒介传播给易感动物使其发病。根据媒介的不同，又分为空气传播、无生命媒介物传播和有生命媒介物传播。

空气传播。包括飞沫传播和尘埃传播。飞沫传播：病原体存在口鼻飞沫中，通过咳嗽或打喷嚏飞散于空气中传播，大多数呼吸道传染病都能通过飞沫传播传染；尘埃传播：病原体依附在分泌物或排泄物上，干燥后受气流冲击，形成“病原体-

尘埃颗粒”悬浮在空气中传播。

无生命媒介物传播。患病动物接触过的饲料、水源及分泌物、排泄物及病死畜污染的土壤，通过进出场区的车辆、人员、物资及外源性生物制品等无生命媒介物进行传播。

有生命媒介物传播。病原通过兽医工作者、饲养人员、蜱、蚊、鼠、鸟类、蚯蚓等媒介传播。

②垂直传播。病原从母体传染至后代，分以下3种传播方式（图1-29）。

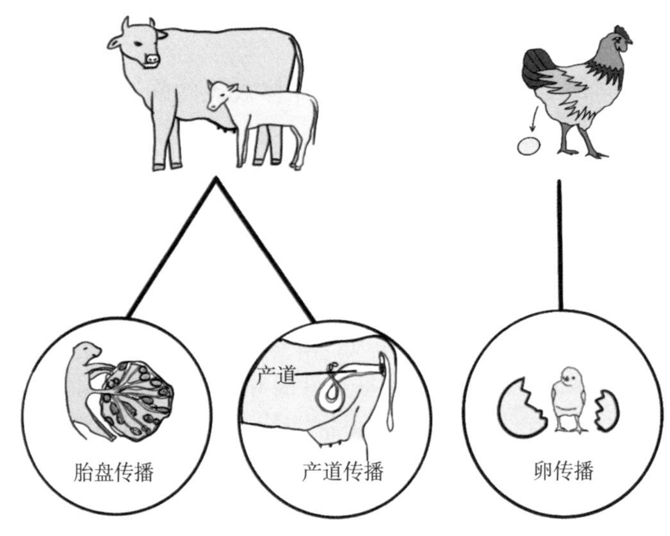

图1-29　垂直传播

经卵传播。由携带病原体的卵细胞发育而使胚胎受感染，后代出生后也携带母体病原体，称为经卵传播，多见于禽类，如禽白血病和沙门氏菌病等。

经胎盘和脐带传播。感染某些病原体的怀孕母畜经胎盘血液传播病原感染胎儿，称为胎盘传播。有些病原微生物能够经母体脐带血传染给胎儿，如猪瘟病毒和布氏杆菌等。

经产道传播。病原微生物污染怀孕母畜的绒毛膜、胎盘和产道，生产时胎儿经呼吸道、消化道或者皮肤感染病原体，如大肠杆菌、葡萄球菌、链球菌等。

生产中可能同时存在水平传播和垂直传播，如公畜带病通过精液水平传给母畜，母畜又垂直传给仔畜。

（3）易感动物：指对动物某种疾病具有易感性，如老弱病残或没有接种疫苗的动物。

动物的易感性与病原体的种类、毒力，动物本身的免疫能力、遗传等因素有关。有些病原体只感染某种类或某一类动物，如鸡马立克氏病毒只感染鸡，小反刍兽疫病毒只感染山羊、绵羊等小反刍动物。

不同种类的动物对同一种病原体表现的临诊反应差异较大。同时与饲养管理，如饲料质量、畜舍卫生、粪便处理、拥挤、饥饿、隔离检疫、外界环境等相关，当饲养密度大或饲养环境卫生条件较差时也会增加动物的易感性。

传染病流行强度和维持时间与该病的潜伏期、病原的传染性、动物群体中易感动物所占的比例和群体的密度相关。

3. 传染病的传染过程和流行过程

（1）感染：指细菌、病毒、真菌等病原体侵入机体，在体内生长、繁殖，导致机体的正常功能、代谢、组织结构被破坏，引起局部组织发生损伤性病变和全身性炎症反应。

（2）传染过程：病原体感染进入动物机体后，与机体发生相互作用的过程。传染过程不一定都有临床表现和特征。

（3）流行过程：传染病的流行必须具备传染源、传播途径和易感动物三个基本环节，三个环节必须同时存在，缺一不可（图 1-30）。

4. 传染病流行表现形式

（1）散发：零星散发具有随机性，疫病发生无特定规律，在发病时间和发病地点上也无明显关系。

（2）地方性流行：具有局限性，疫病只在小范围内传播，

图 1-30　传染病流行过程

在某一区域内的畜群短期内患病率突然增加，发病动物数量多于散发动物。

（3）流行和大流行：流行指传染病来势凶猛，传播速度极快，受害动物多，传染范围很广。大流行指某疫病发病蔓延迅速，涉及地域广，感染面大，在短时间内可以越过省界、国界甚至洲界形成世界性流行，如流行性感冒、口蹄疫等。流行和大流行对动物的健康、养殖业和农业经济均有较大危害。

5. 传染病的规律性

（1）季节性：季节变换会降低动物机体的免疫力，增加发病率。

①严格季节性传染病。某些疾病发病时间相对集中于某一季节。

②季节性传染病。某些疾病在某一季节发病率相对较高，如呼吸道疾病在秋冬季节易发。

③无季节性疾病。一年四季均发病，且没有规律性和季节性，多见于慢性病或潜伏期长的传染病。

（2）周期性：有些传染病经过一定的间隔时期（通常数年）还可能表现再度流行，如口蹄疫发病一次后，可能会出现周而复始的多次发病。

6. 影响动物传染病流行过程的因素

（1）自然因素：包括温度、阳光、降水量、地形、地理环境等。

某些地理环境因素，如江、河、湖、海、山等，能够形成天然的隔离屏障，限制病原体的转移。温度、湿度的改变，也会影响暴露在空气中的病原体的生存环境，提高或降低病原体的存活时间。

（2）饲养管理因素：包括畜牧场规划布局、畜舍整体设计、建筑结构、排污设施、通风设施、饲养管理、卫生防疫制度和措施、饲养密度、饲料、工作人员素质等。人为原因造成的潮湿、昏暗、阴冷的环境，动物饲养密度大或通风不足等，易引发呼吸道疾病。因此饲养管理环节薄弱会增加动物患病概率。

（3）社会因素：包括社会生产力、养殖者文化程度、养殖技术水平、兽医法规、动物检验检疫法规、动物疫病防控技术、工作人员的专业文化水平等（图 1-31）。

图 1-31　有技术有好收成

7. 动物传染病处理措施

①早报告，早诊断，早处置，早扑灭。

②兽医相关部门第一时间采取应对措施。

③最快时间将疫情控制在最小范围内，最大程度减少

损失。

④提高全民的防疫意识。

⑤规范疫情报告管理制度，依法处置，依法管理。

⑥维护公共卫生安全，保护人民身体健康。

二、动物寄生虫病

由寄生虫引起的疾病称为动物寄生虫病，多为慢性疾病。每个养殖场都有不同程度的寄生虫感染，由于寄生虫病有一定的隐蔽性，发病流行缓慢，临床表现不明显，死亡率较低，造成的损失没有烈性传染病大，易被人们忽视。动物寄生虫病有数量巨大的病原群体，我国已经发现报道的动物寄生虫病达2 000多种。

1. 概述　指寄生虫暂时或永久寄居于另一种动物的体表或体内，夺取被寄居者的营养物质，并给其造成不同程度危害。

2. 特点

①寄生虫以慢性消耗为主，家畜中普遍存在，呈全球性发生，表现瘦弱、贫血、营养障碍和生长发育不良等症状，导致生产性能降低。初次重度感染或带虫动物调入疫区时可出现急性症状，严重的导致死亡，但急性的不多见（图 1-32）。

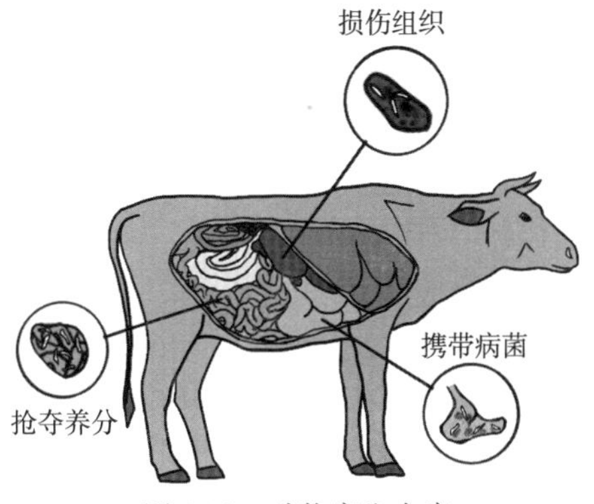

图 1-32　动物寄生虫病

②一头动物体内可以同时遭受多种寄生虫的侵袭，而且往往出现重复感染（图 1-33），多数寄生虫病具有不完全免疫性。

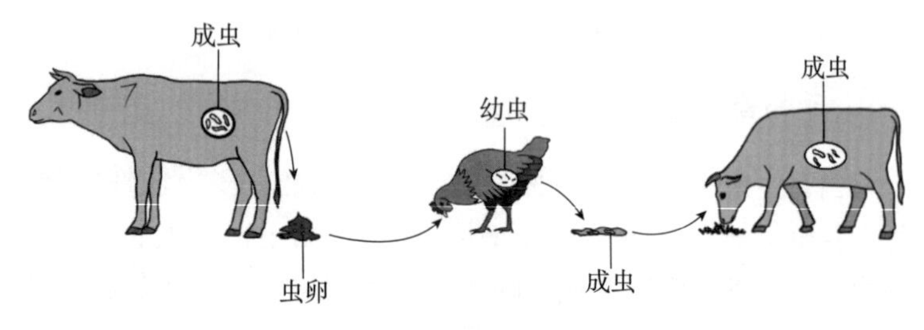

图 1-33　寄生虫重复感染

③地方性寄生虫病的流行和分布常常有明显的地方性。

④季节性寄生虫病的流行与季节有明显关联。

⑤自然疫源性寄生虫病主要在原始森林或荒漠地区流行，具有明显的自然疫源性。

⑥有些寄生虫在脊椎动物之间传播，也可从脊椎动物传染给人，危害人类健康。

⑦因寄生虫种类和寄生部位不同，引起感染动物的病理变化和临床表现各异，大多会导致动物发生贫血、营养不良、生长迟缓、组织损伤等病症。

3. 发病的原因

①环境条件差。养殖场粪污乱堆乱放，不进行无害化处理，致使蚊、蝇、库蠓滋生繁殖，寄生虫虫卵、幼虫、虫体到处存在，污染饮水、饲料和饲喂工具，直接接触而传播。

②养殖场寄生虫病防治工作不到位，使寄生虫病多发、频发和常发。有些养殖场在引种和补栏时，把寄生虫带进本场。

③安全防范意识差。特别是养殖场饲养及管理人员缺乏安全防范意识，人畜共患寄生虫病相互感染，如血吸虫病、弓形

虫病、棘球蚴病、猪囊虫病、旋毛虫病等混合感染。

4. 主要危害

①损害动物机体。吸血昆虫叮咬或寄生虫侵入机体，在移行和繁殖过程中，使宿主的器官、组织受到不同程度损害，如创伤、发炎、肿胀、堵塞、挤压、萎缩、穿孔和破裂等。

②吸取宿主营养和血液。寄生虫直接吸取宿主的血液和营养，造成宿主的营养不良、消瘦、贫血、抗病力和生产性能下降等。

③毒害作用。寄生虫在生长发育、繁殖蜕变过程中产生的分泌物、代谢物和死亡产物等，对宿主产生不同程度毒害，尤其对宿主神经系统和血液循环系统的毒害较为严重。

④诱发其他疾病。寄生虫在侵害宿主时，可能将某些病原体如细菌、病毒和原虫等直接带入宿主体内，诱发宿主感染其他疾病。动物发生其他疾病时，生理机能降低，寄生虫也易侵入机体引发寄生虫病。

5. 诊断

结合流行病学资料、临床症状、病理变化及虫卵、幼虫或虫体计数结果等情况综合判断。

（1）流行病学调查：通过查阅资料或采集样品调查流行因素、发病情况、传播和流行情况。

（2）临床症状观察：如猪寄生虫病，临床上表现为消化功能障碍、消瘦、贫血和发育不良等慢性、消耗性疾病的症状。

（3）药物诊断：在初步怀疑的基础上，选用特效药物进行驱虫试验，观察疾病是否好转，然后做出诊断。

（4）尸体剖检：包括全身性剖检或个别系统剖检及个别器官剖检等，采取粪便、尿液、血液、鼻液等材料，通过观察病理变化，查找病原体，判定感染的寄生虫种类和危害程度，分析致病和死亡原因。

6. 综合防治措施

（1）控制和消灭传染源。按照寄生虫病的流行规律，有计划地定期进行预防性投药驱虫。选择高效、低毒、广谱、价廉、使用方便的驱虫药物；驱虫的时间依据当地寄生虫病流行特点进行，可选择“虫体成熟前驱虫”，或“秋冬季驱虫”；驱虫应在隔离场所进行，方便粪便集中堆积用“生物热发酵法”进行无害化处理。

（2）切断传播途径。搞好环境卫生，防止外界环境被病原体污染，尽可能减少宿主与感染源接触；杀灭外界环境中的病原体，包括虫卵、幼虫、成虫等；杀灭寄生虫的传播媒介和防控中间宿主。

（3）保护易感动物。科学饲养，饲料营养均衡，保证足够的氨基酸、维生素和矿物质摄入，合理放牧，减少应激，开展其他疫病免疫接种等。提高易感动物对寄生虫病的抵抗力，精心护理孕畜和幼畜。

（4）加强肉品卫生检验。经肉传播的寄生虫病，特别是肉源性人畜共患寄生虫病，如旋毛虫病、猪囊虫病等。应加强肉品卫生检验，检出者严格按照规定无害化处理。

三、动物普通病

除动物传染病和寄生虫病外的内科、外科和产科疾病统称为动物普通病。

1. 常见内科疾病　动物内脏器官为主的非传染性综合性临床疾病。

常见的有胃肠炎、口炎、食管阻塞、瘤胃积食、瘤胃臌气、前胃弛缓、肺充血、肺气肿、毒物中毒、奶牛酮病、仔猪营养性贫血、佝偻病、软骨病、肾炎、尿结石、痛风和消化系统疾病等。

2. 常见外科疾病　主要有创伤、局部外科感染、疝、肢蹄病及眼病等。

3. 常见产科疾病　产科疾病可根据其发生时期分为怀孕期疾病（流产、死胎等）、分娩期疾病（难产）、产后期疾病（胎衣不下、子宫内膜炎、生产瘫痪）以及乳房疾病、新生幼畜疾病等。

第二章　兽药基础知识

第一节　兽药及其作用

一、兽药

1. 兽药的概念　指用于预防、治疗、诊断畜禽等动物疾病，能调节动物生理机能，并规定有作用、用途、用法、用量的物质（含药物饲料添加剂，图 2-1）。

图 2-1　兽药

2. 兽药 3 个特征　具有一定的功能（药效）；规定有作用、用途、用法和用量；使用对象为动物。

3. 兽药分类

①血清、疫苗、诊断试剂等生物制品。

②兽用中药材、中成药、化学原料药及其制剂。

③抗生素、生化药品、放射性药品。

4. 兽药的作用

（1）兽药的基本作用：对机体组织细胞的生理、生化机能有影响，使动物组织细胞活动、酶活性增强或降低，机体兴奋性增高或降低（图 2-2）。

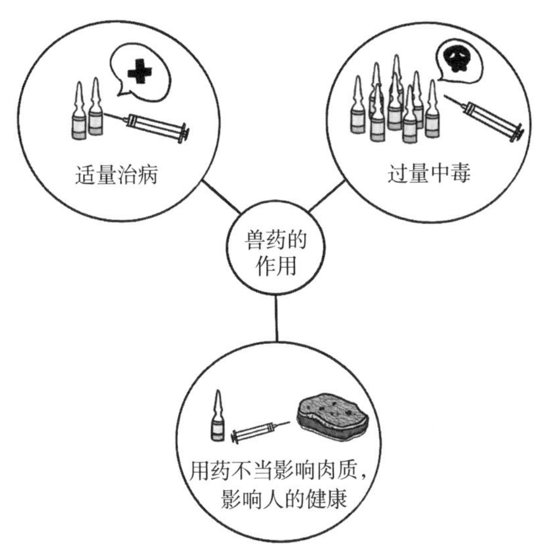

图 2-2　兽药的作用

（2）药物的局部作用和全身作用

局部作用：药物对其所接触组织的直接作用，只在局部有效。

全身作用：也称为吸收作用，即药物进入全身血液循环所发生的作用。

（3）药物的选择作用：指不同器官、组织对药物敏感性表现明显的差异。某种药物对某一器官、组织的作用特别强，而对其他组织的作用很弱，甚至对相邻的细胞也不产生影响。主要原因是药物对不同组织亲和力不同，能选择性地分布于靶组织；药物在不同组织的代谢速率不同。

（4）药物的治疗作用：兽药作用于发病动物，使疾病好转、痊愈，或预防动物发病，保持机体健康。

（5）药物的不良作用：不良作用有大小和强弱的差异，包括以下4个方面：

①副作用。药物按正常用法用量使用时，动物表现出与其药理学活性相关但与用药目的无关的作用。一般都较轻微，多为一过性可逆性功能变化，伴随治疗作用同时出现。

②毒性作用。由于动物个体差异、病理状态或合用其他药物引起敏感性增加，在使用治疗量时造成动物某种器官器质性损害。

③继发反应。由于药物的治疗作用所引起的不良后果。不是药物本身的效应，而是药物间接作用。

④变态反应。药物及其代谢产物作为抗原刺激机体而发生的不正常的免疫反应。临床主要表现为皮疹、血管神经性水肿、过敏性休克、血清病综合征、哮喘等。与药物剂量无关或关系甚小，治疗量或极少量均可发生。

5. 影响药物效果的因素

（1）药物因素

①剂量。一定范围内，剂量越高作用越大。

有效剂量：获得良好疗效而又安全的剂量，也称为治疗量或常用剂量。

中毒剂量：引起机体产生病理状态的剂量。

致死量：引起死亡的剂量。

②给药途径。同一种药物，不同给药途径会产生不同的疗效。主要包括肠内给药、肠外注射、肺的吸收、局部用药等。

③给药方式。包含经口给药、注射给药和其他途径给药等。方式不同疗效不同。

④联合用药。临床上同时使用两种或两种以上的药物治疗疾病，目的是提高疗效，消除或减轻某些药物毒副作用。联合用药会使药物的作用发生变化，影响药物的吸收、分布、生物转化和排泄，其疗效会出现增强、减弱；效果出现协同、拮抗

作用（图 2-3）。

图 2-3　兽药联合使用的结果

⑤配伍禁忌。两种以上药物混合使用，药物可能发生中和、水解、失效等理化反应，可能出现混浊、沉淀、产生气体及变色等外观异常现象。

⑥药物在动物体内的过程。包括“吸收-分布-代谢-排泄-消除”，不同药物在动物体内的过程有差异。

吸收：药物分子通过胃肠黏膜、毛细血管壁等吸收进入血液循环。

分布：进入血液循环的药物，被转运到身体的不同部位，进入不同组织、器官的细胞间液或细胞内液中，分布通常不均匀。

代谢：药物进入体内一般都要经过化学变化，如氧化、还原、中和、分解、结合等。药物代谢主要在肝脏中进行，如果肝功能不良，药物代谢会受到一定影响，可造成药物作用时间延长、毒性增加或体内蓄积。

排泄：药物无论是否被代谢，最后都要通过肾脏排出体外。

消除：药物从体内完全排除。

（2）动物因素

①动物不同种属、品种、性别、年龄、体重对同一药物的药动学和药效学往往有很大的差异，作用的强弱和维持时间的长短都不同。

②机体状态。动物机体功能状态与药物作用有密切的关系。饲养方面要注意饲料营养均衡，机体保持良好状态，管理方面应多考虑为动物创造良好生长条件。

③个体差异。同种动物有少数个体对药物特别敏感，多数个体则特别不敏感，称耐受性。

④高敏性。生理及病理状态下，同一动物在不同生长时期对同一药物的反应往往有一定差异，这与机体器官组织的功能状态有密切的关系。

（3）饲养环境因素：饲养环境不同也会对药物作用产生影响，外界环境、气温的改变能使动物机体的机能状况改变，从而影响动物对药物的敏感性。

6. 休药期（停药期）　畜禽最后一次用药到该畜禽许可屠宰或其产品（乳、蛋）许可上市的间隔时间（图 2-4）。兽药残留对人类健康、食品安全、环境有害，用药后要严格执行休药期，让动物产品安全、美味。

图 2-4　严格执行兽药休药期

7. 药物的保管和储藏（图 2-5）

①遇光易分解、易吸潮、易风化的药品应装在密封的容器

图 2-5 注意兽药保存

中并放于遮光、阴凉处保存。

②受热易挥发、分解和易变质的药品，应冷藏保存，如疫苗。

③易燃、易爆、有腐蚀性、毒害的药品，应单独置于低温处或专库内加锁贮放。

④化学性质作用相反的药品，应分开存放。

⑤具有特殊气味的药品，应密封后与一般药品隔离存放。

⑥有效期的药品，应分期、分批贮存并设立专门卡片。接近有效期的药品先用，以防过期失效。

⑦专供外用的药品，应与内服药分开贮存。

⑧名称容易混淆的药品，要注意分别贮存，以免发生差错。

⑨药品的性质不同，应选用不同的瓶塞。

二、药物、毒物和食物

1. 毒物 对动物机体造成损害的物质。毒物在用量较小时，就能引起机体功能性或器质性损害，甚至危及动物生命。兽药超过一定剂量或用法、配伍不对也可对动物产生毒害作用而成为毒物。

2. 药物与毒物

（1）药物与毒物没有绝对的界限。药物如果用量过大，往往会引起中毒，反之，毒物如果用量很少也可以治疗疾病。例如，敌百虫属剧毒药物，但在用其小剂量内服时，也可驱除畜禽肠道多种线虫。

（2）药物与毒物之间存在着用量与安全度的差异。药物的用量与安全度都较大，而毒物的用量与安全度都较小，用时应特别加以注意。

3. 食物与药物 食物也可以是药物，如山药、蜂蜜、大蒜等，通常都是食物，但又可用来治病。药物、毒物、食物之间存在着一定的相互关系，应用时必须加以识别和注意。

第二节 常用兽药

一、药物分类

药物按其来源不同，可分为三大类：天然药物、合成药物、生物技术药物。

1. 天然药物 主要来源于自然界，又可分为以下三类。

（1）植物性药物：运用较广泛，包括很多的草药及其提取物（生物碱、多糖类、黄酮类、有机酸、挥发油、氨基酸、鞣质、树脂等）。

（2）动物性药物：身体全部或局部可以入药的动物，如蛇、蚯蚓、乌龟、蟾蜍、麝等。

（3）矿物性药物：矿物制品药与矿物药制剂均属加工制品。矿物制品药多以单一矿物为原料加工制成，以配合应用为主，很少单独应用，如白矾、胆矾、硫黄、铁、钙等。矿物药制剂以多味原矿物药或矿物制品药为原料加工制成，以单独应用为主，很少配合应用，如中药制剂里的“丹药”。

2. 合成药物

（1）无机药物：如钠、钾、钙、铁等的氯化物、氢氧化物、硫酸盐等。

（2）有机药物：有一定的化学结构，如磺胺类、喹诺酮类等。也有根据中草药的有效成分，用化学方法提取，再分离精制而成，如盐酸麻黄素、硫酸阿托品等。

3. 生物技术药物　依靠生物工程技术，利用微生物或动物脏器组织制得的药品，如抗生素、生化药品及生物制品等。

（1）抗生素：由微生物（包括细菌、真菌、放线菌属）或高等动植物在生活过程中所产生的具有抗病原体或其他活性的一类次级代谢产物，能干扰其他活细胞发育功能的转基因工程菌培养液提取物以及用化学方法合成或半合成的化合物。

（2）生化药品：从生物体分离、纯化以后，用化学合成、微生物合成或现代生物技术所得到的用于预防、治疗和诊断疾病的药品，主要包括：蛋白质、多肽、氨基酸及其衍生物、多糖、核苷酸及其衍生物、脂、酶及辅酶等。

（3）生物制品：以微生物、寄生虫、动物毒素、生物组织作为起始材料，采用生物学工艺或分离纯化技术制备的生物活性制剂，它是通过刺激机体免疫系统，产生免疫物质（如抗体）发挥功效的，包括菌苗、疫苗、毒素、类毒素、免疫血清、血液制品、免疫球蛋白、抗原、发酵产品和体外免疫诊断制品等。

第三节　兽药的临床应用

一、养殖场常备兽药及其应用

目前养殖场常用的兽药主要有抗菌药、抗寄生虫药、中枢神经系统药、抗炎药、生殖系统药、解毒药和其他类药物。药物的使用方法、用量和注意事项要按照说明书要求。

1. 抗菌药　主要作用是抗菌，治疗细菌性疾病，包括β-内酰胺类抗生素、氨基糖苷类、四环素类、大环内酯类、林可胺类、多肽类抗生素、其他抗菌药。

（1）青霉素钠：适用于敏感细菌所致的感染，如猪丹毒、炭疽、气肿疽、恶性水肿、放线菌病、马腺疫、坏死杆菌病、牛肾盂肾炎、钩端螺旋体病及乳腺炎、子宫炎、肺炎、败血症等，与破伤风抗毒素合用治疗破伤风效果较好。肌内注射5万～10万单位/千克体重。与四环素等酸性药物及磺胺类药有配伍禁忌。

（2）氨苄西林：广谱抗菌药，治疗多种细菌感染，如呼吸道感染、泌尿道感染、脑膜炎、沙门氏菌感染以及心内膜炎。肌内注射25～40毫克/千克体重，也可静脉注射给药。

（3）阿莫西林：广谱抗菌药，对革兰氏阳性菌有良好的杀菌作用和治疗效果，10%的阿莫西林，每吨饮料添加1 000克，饮水减半。与克拉维酸合用效果较好。

（4）头孢噻呋：对革兰氏阳性、阴性菌均有效，广谱杀菌药。对牛、猪、马溶血性巴氏菌、多杀性巴氏杆菌；猪胸膜肺炎放线菌、霍乱沙门氏菌、链球菌；马链球菌、变形杆菌、摩拉菌等呼吸道感染；犬大肠杆菌与奇异变形菌引起的泌尿道感染；雏鸡大肠杆菌病等均有效。马、猪、犬用针剂肌内注射，鸡用粉剂饮水或拌料，用量等参见说明书。

（5）红霉素：主要用于禽支原体和嗜血杆菌引起的上呼吸道感染性疾病，如鸡慢呼和传染性鼻炎。不能与莫能菌素、盐霉素等抗球虫药合用。

（6）酒石酸泰乐菌素：临床上主要用于治疗和预防由支原体、金黄葡萄球菌、化脓杆菌、肺炎链球菌、丹毒杆菌、副猪嗜血杆菌、脑膜炎奈瑟氏菌、巴氏杆菌、螺旋体、球虫等病原体引起的各种呼吸道、肠道、生殖道和运动系统感染。

家禽慢性呼吸道病，如鸡传染性鼻炎、禽气囊炎、输卵管炎；猪气喘病、萎缩性鼻炎、猪红痢、胃肠炎、猪丹毒、支原体关节炎；畜禽顽固性腹泻、坏死性肠炎、子宫内膜炎；家畜外生殖器化脓性感染；山羊胸膜肺炎、母羊流产、肉牛肝脓肿、牛羊腐蹄病等。

粉剂拌料按照100～200克/吨饲料，饮水量减半；针剂肌内注射30毫克/千克体重；另外还可以片剂口服、皮下注射、混饲给药、喷雾药药浴等，按照说明书使用。

不能与聚醚类抗菌药合用，注射用药反应大，注射部位可能发生坏死。

（7）替米考星：对革兰氏阳性菌、某些阴性菌、支原体和螺旋体等有抑制作用；对胸膜肺炎放线菌、巴氏杆菌具有较强的抗菌活性。本品禁止静脉注射，拌料按照200～500克/吨饲料配比，饮水减半，蛋鸡禁用。

（8）四环素类：广谱抗生素，包括土霉素、四环素、金霉素、多西环素、米诺环素等，对革兰氏阳性菌的肺炎球菌、溶血性链球菌、部分葡萄球菌、炭疽、破伤风杆菌、梭状芽孢杆菌等作用较强，对革兰氏阴性菌如大肠杆菌、产气杆菌、肺炎杆菌、布氏杆菌、巴氏杆菌等有作用，此外对衣原体、霉形体、立克次氏体、螺旋体、放线菌及某些原虫（如球虫）等有抑制作用。结膜炎使用四环素类眼药水滴眼效果较好。

土霉素对不同动物的治疗效果不同，不同的牲畜使用要注意遵照医嘱或按照产品说明书要求具体施药。

猪用四环素注意：禁忌快速静注，防止引起虚脱；不与青霉素类、头孢类、氟喹诺酮类等药联用；不与其他药物混合注射，以免产生沉淀或降效。

鸡用四环素注意：对鸡副作用较大，对消化道有刺激作用，损伤肝脏，形成难溶的钙盐排出体外，使鸡体缺钙，导致产蛋率下降。因此，使用时应忌喂豆类及其饼粕，也不宜饲喂石粉、骨粉、蛋壳粉和石膏等饲料添加剂。

（9）多西环素：也称强力霉素，高效、低毒，广谱抗菌。

对呼吸系统细菌病，比如胸膜肺炎、猪肺疫等病，可用盐酸多西环素＋氟苯尼考＋退烧药物配合使用效果较好；猪支原体肺炎（猪喘气病）可用盐酸多西环素＋氟苯尼考（或支原净）。猪身上有脓包，除了化脓性链球菌外，可能是放线菌感染；衣原体引起的母猪流产、胎衣珍珠状；螺旋体（猪痢疾等）、立克次氏体、血液原虫（附红体）病等均可用盐酸多西环素治疗。使用 1 000 克/吨饲料，饮水减半。

（10）大观霉素：主要用于治疗敏感细菌引起的呼吸道、泌尿道和胆道感染。抗菌谱与四环素和土霉素基本相同。肌内注射 7.5～10.0 毫克/千克体重。

（11）庆大霉素：主要用于治疗细菌感染，尤其是革兰氏阴性菌引起的感染。对产气杆菌、肺炎杆菌、绿脓杆菌、沙门氏菌、大肠杆菌、变形杆菌和金色葡萄球菌等作用较强。饮水按照 100～200 克/吨水配比使用，拌料加倍；肌内注射 5～10 毫克/千克体重，注射剂量过大可引起毒性反应，表现腹泻、消瘦、听觉损伤等。

不能与氨苄西林、头孢菌素类、红霉素、磺胺嘧啶钠、碳酸氢钠、维生素 C 等药物配伍使用。

（12）卡那霉素：对消化道、呼吸道、泌尿生殖道和皮肤软组织等革兰氏阴性、阳性细菌感染有很强抗菌活性。主要用于治疗大肠杆菌、鸭疫里默氏杆菌、鸡白痢、沙门氏菌等引起的肠炎、腹膜炎、肝周炎、气囊炎和输卵管炎。饮水按照 100～200 克/吨水配比，拌料加倍；肌内注射 5～10 毫克/千克体重。

与氨苄西林、头孢曲松钠、磺胺嘧啶钠、氨茶碱、碳酸氢钠、维生素 C 等有配伍禁忌。注射剂量过大可引起毒性反应，表现为腹泻、消瘦等。

（13）氟苯尼考：又名氟甲砜霉素。对多种革兰氏阳性、阴性菌和支原体等有较强的抗菌活性。主要用于治疗牛、猪、鸡、鱼等巴氏杆菌，如嗜血性杆菌引起的牛呼吸道疾病、感染性角膜结膜炎、猪放线菌性胸膜肺炎等。还可治疗各种病原菌引起的奶牛乳房炎。易产生耐药性。治疗：畜禽治疗量500克/吨饲料，饮水减半，预防量减半；肌内注射参照说明书，每日一次，连用5～7天，重症加倍。

（14）恩诺沙星：广谱杀菌药，对支原体有特效。对大肠杆菌、沙门氏菌、克雷白杆菌、变形杆菌、绿脓杆菌、嗜血杆菌、多杀性和溶血性巴氏杆菌、金色葡萄球菌、链球菌等均有杀菌效用。拌料150～200克/吨饲料，饮水减半。肌内注射5～10毫克/千克体重，注意休药期。

（15）环丙沙星：新型喹诺酮类广谱抗菌药，具有很强的渗透性。对大肠杆菌、链球菌、金色葡萄球菌等作用显著优于头孢菌素和氨基糖苷类；对革兰阳性菌与氧氟沙星相似，对革兰氏阴性菌的抗菌活性强于诺氟沙星、氧氟沙星2～4倍。拌料200～400克/吨饲料，饮水减半，肌内注射10～15毫克/千克体重。

（16）泰妙菌素：抗支原体感染药，主要用于鸡呼吸道疾病，猪支原体肺炎气喘病、放线菌胸膜肺炎和密螺旋体痢疾等。与金霉素以1∶4配伍混饲，治疗猪细菌性肠炎、密螺旋体性猪痢疾、支原体肺炎疗效显著；不能与莫能菌素、盐霉素等配伍使用。低剂量可以促进生长，提高饲料利用率。拌料、饮水按照说明书使用，注意休药期。

（17）磺胺嘧啶：抗菌谱广，对大多数革兰氏阳性、阴性菌均有抑制作用，对脑膜炎双球菌、肺炎链球菌、溶血性链球菌抑制作用较强，能通过血脑屏障渗入脑脊液。拌料200克/吨饲料，饮水减半；肌内注射40毫克/千克体重，与碳酸氢钠同时使用效果较好，不能与莫能菌素、盐霉素配伍使用。产蛋鸡慎用。

2. 抗寄生虫药物　凡能将寄生虫杀死或驱出体外的药物，称抗寄生虫药物，也称驱虫药。根据寄生虫的种类选择药物。驱虫时一般空腹用药，以便药物与虫体更多接触，更好地发挥驱虫效果。常配伍泻下药，促使虫或虫卵排出。部分驱虫药毒性较大，怀孕母畜慎用，使用时注意控制剂量，拌料时要搅拌均匀。

（1）体内驱虫药：主要通过口服或肌内注射驱除动物体内的胃肠道蠕虫（线虫、绦虫、吸虫和球虫）。

①丙硫苯咪唑。体内蠕虫广谱驱虫药，可驱除体内线虫、绦虫、吸虫，主要用于猪、牛、羊的春季驱虫。成羊 10～12 片/只，育成羊 5～6 片/只，内服。牛、羊妊娠 45 天内禁用；长期连续使用易产生耐药性；牛、羊屠宰前，严格执行休药期规定，应停药 14 天。马较敏感，切忌连续大剂量使用。

②吡喹酮。抗蠕虫药，可驱除脑包虫、血吸虫、华支睾吸虫、肺吸虫、姜片吸虫以及绦虫和囊虫。使虫体发生痉挛性麻痹，随粪便排出体外。40～80 毫克/千克体重，一次口服，连用 3～5 天。

③左旋咪唑。广谱驱虫药，毒性较大，主要用于驱除蛔虫及钩虫，对线虫和某些幼虫有效。本品有免疫增强作用，可提高机体对细菌及病毒感染的抵抗力。动物口服 4～6 毫克/千克体重。

④硝氯酚。广泛使用于牛、羊肝片吸虫，能抑制虫体琥珀酸脱氢酶，从而影响片形吸虫的能量代谢而发挥抗吸虫作用。大羊 2 片/只，小羊 1 片/只，内服。

⑤阿苯达唑。高效低毒、广谱驱虫药，杀虫作用强。临床可用于驱除蛔虫、蛲虫、绦虫、鞭虫、钩虫、粪圆线虫等。对虫卵发育具有显著抑制作用。对寄生于动物体的各种线虫、血吸虫以及囊尾蚴亦具有明显的驱除作用。也可用于治疗各种类型的囊虫病，如脑型、皮肌型；也用于治疗旋毛虫病，疗效优于甲苯达唑。口服 5～12 毫克/千克体重。

⑥三氯苯达唑。新型高效兽用咪唑类驱虫药，毒性较小。对各种日龄的肝片吸虫均有明显驱杀效果，与左旋咪唑联合应

用时安全有效。内服，一次量 10 毫克/千克体重。

⑦甲苯达唑片。用于蛔虫病、蛲虫病、鞭虫病、钩虫病、粪类圆线虫病、绦虫病治疗。使用剂量参考说明书，连服 3 天为第 1 疗程，3～4 周后可服用第 2 疗程。

⑧芬苯达唑。为苯丙咪唑类驱虫药。对线虫及其移行期的幼虫、绦虫都有较强的驱杀作用，对虫卵的孵化有极强的抑制作用。对羊、马、猪、犬、猫、禽等动物线虫、吸虫、绦虫、蛔虫、钩虫的成虫及幼虫均有高效驱杀。

⑨非班太尔。广谱驱虫药，属苯丙咪唑类的前体药物，对犬、羊、猪、马等动物各线虫的成虫和幼虫均有高度驱杀活性。

⑩甲硝唑。抗菌药，抗阿米巴虫原虫、滴虫的首选药。用于治疗肠道和肠外阿米巴病（如阿米巴肝脓肿、胸膜阿米巴病等），还可用于治疗阴道滴虫病、小袋虫病和皮肤利什曼原虫病、麦地那龙线虫感染等。对各种厌氧菌（魏氏梭菌等）感染也有良好的治疗效果，不易形成菌株耐药、菌群失调和二重感染，与常用抗生素合用无拮抗作用。饮水 100～300 克/吨水，拌料 500 克/吨饲料，剂量过大会引起神经症状。

⑪盐霉素。对大多数革兰氏阳性菌和各种球虫有较强的抑制和杀灭作用。拌料 60～70 克/吨饲料，火鸡、珍珠鸡、鹌鹑以及产蛋鸡禁用。本品能引起鸡的饮水量增加，造成垫料潮湿。

⑫氨丙啉。抗球虫药物，饮水或拌料 125～250 克/吨，使用时应注意维生素 B_1 的补充。过量使用会引起轻度免疫抑制。肉鸡应在宰前 10 天停药。

⑬二硝托胺。也称为球痢灵，抗球虫药物，拌料 125～250 克/吨饲料。

⑭氯苯胍。抗球虫药物，拌料 30～40 克/吨饲料，可引起肉鸡肉品和蛋鸡的蛋有异味，所以产蛋鸡一般不宜使用，肉鸡

应在宰前 7 天停药。

（2）体内外驱虫药：主要通过肌内注射。

①伊维菌素。广谱体内外驱虫药，对体内外寄生虫特别是线虫和节肢动物均有驱杀作用，如心丝虫、蛔虫、钩虫、犬蠕形螨、猫耳螨、体外虱、疥癣、痒螨、蜘蛛昆虫等，但对绦虫、吸虫及原生动物无效。皮下注射对孕羊比较安全可靠，广泛用于春、秋两季的驱虫，羊按照 0.02 毫克/千克体重注射。

②阿维菌素。具有杀虫、杀螨、杀线虫作用的药物。广谱抗虫，具有高效、低毒、安全，对绝大多数线虫、体外寄生虫及其他节肢动物都有很强的驱杀效果（虫卵无效）。主要用于春、秋季驱虫，皮下注射，切勿肌肉、静脉注射，羊按照 0.02 毫克/千克体重注射，拌料一次量：羊、猪 0.3 毫克/千克体重；鸡 25 克/吨饲料，一次用完，间隔 5～7 天重复用药一次。

③塞拉菌素。主要针对蛔虫、钩虫、心丝虫等。

④碘硝酚。该药是驱除体内外寄生虫的常用药物，可有效驱除线虫及体外虱、疥癣等，对孕羊比较安全可靠。皮下注射，羊按照 0.02 毫克/千克体重。

（3）常见体外驱虫药：通过涂擦及注射方法来防治体表的螨、蜱、虱等的药物。

①吡虫啉。驱杀跳蚤。

②鱼藤酮。治疗耳螨、蠕形螨，对寄生虫有触杀和胃毒作用。

③除虫菊酯。可以驱杀蜱、虱、跳蚤，禁用于猫和哺乳动物的幼仔。

④双甲脒。可治疗全身性蠕形螨病。

⑤非泼罗尼。用于驱杀跳蚤、蜱虫、虱、疥螨、蚊子等体外寄生虫。非泼罗尼为高亲脂性药物，药物粘附在动物的皮肤上，借由皮肤表面的油脂扩散。对哺乳动物毒作用非常小。

⑥敌百虫。有机磷制剂，可用于防治猪、牛、马、骡等牲畜体内外寄生虫，对家庭和环境卫生害虫驱杀均有效。可用于治疗血吸虫病，是一种很好的家畜多效驱虫剂。敌百虫具有触杀和胃毒作用，渗透活性。但毒性太大，特别注意使用剂量。

3. 中枢神经系统药物

阿托品：治疗胃肠痉挛及胃动力不足的针剂药品。肌内、皮下或静脉注射一次量：麻醉前给药，马、牛、羊、猪、犬、猫 0.02～0.05 毫克/千克体重；解除有机磷中毒，马、牛、羊、猪 0.5～1.0 毫克/千克体重，犬、猫 0.10～0.15 毫克/千克体重，禽 0.1～0.2 毫克/千克体重。剂量过大会引起中毒。

4. 抗炎药物

地塞米松：具有抗炎、免疫抑制、抗休克、抗过敏、抗毒素等作用。配合青霉素、安痛定使用，对病原微生物无抑制作用，会导致母畜流产和泌乳减少，妊娠母猪应慎用或禁用。不能用于疫苗接种期，不能长期大剂量连续使用后突然停药，长时间使用应注意补钙。肌内、静脉注射，一次量马 2.5～5.0 毫克，牛 5～20 毫克，羊、猪 4～12 毫克，犬、猫 0.125～1.000 毫克，每天 1 次。

5. 生殖系统药物

（1）三合激素：用于诱导母畜发情或同期发情的催情药。肌内注射：黄牛 0.01 毫升/千克体重、水牛 0.02 毫升/千克体重、骆驼 0.02 毫升/千克体重、山羊 0.5～1.0 毫升/千克体重、母猪 2 毫升/千克体重。

（2）黄体酮：用于母畜的保胎、安胎。肌内注射一次量：马、牛 50～100 毫克，羊、猪 15～25 毫克，犬 2～5 毫克。

（3）丙酸睾酮：促进雄性生殖器官及副性征的发育、成熟，能引起性欲及性兴奋，还具有对抗雌激素的作用，能抑制母畜发情。肌内、皮下注射一次量 0.25～0.50 毫克/千克体重。

（4）缩宫素注射液：子宫收缩药，主要用于母畜助产、催产、产后子宫止血和胎衣不下等。皮下、肌内注射一次量：马、牛 6～20 毫升，羊、猪 2～10 毫升，犬 0.4～2.0 毫升。

6. 解毒药物 指能排除或中和毒物，对抗毒性作用，减弱毒性反应，解除或减轻中毒症状，降低中毒死亡率，以治疗中毒为目的的药物。

（1）常用解毒药

①碘解磷定：主要用于有机磷农药和毒药急性中毒。静脉注射一次量 15～30 毫克/千克体重，禁与碱性药物配伍。

②阿托品：抗胆碱药，具有解除平滑肌痉挛、抑制腺体分泌等作用，用于胃肠道平滑肌痉挛、唾液分泌过多、有机磷中毒等，只能解除轻度中毒。内服一次量，犬、猫 0.02～0.04 毫克/千克体重。

③二巯丙醇：主要用于砷、汞、铋、锑等重金属中毒解救，剂量为 2.5～4.0 毫克/千克体重，前 2 天每 4～6 小时 1 次，第 3 天每 6～12 小时 1 次，以后每天注射 1 次，1 个疗程为7～14 天。

④亚甲蓝（美蓝）：主要用于解救亚硝酸盐中毒和氰化物中毒。解救高铁血红蛋白血症，静脉注射一次量 1～2 毫克/千克体重；解救氰化物中毒，2.5～10.0 毫克/千克体重。与强碱性溶液、氧化剂、还原剂和碘化物为配伍禁忌。

⑤硫代硫酸钠（大苏打）：主要用于氰化物中毒，也可用于碘、汞、砷、铅中毒。亚硝酸盐和硫代硫酸钠联合使用可用于中毒较重者。静脉、肌内注射一次量，马、牛 5～10 克，羊、猪1～3 克，犬、猫 1～2 克。

⑥乙酰胺（解氟灵）：主要用于氟乙酰胺中毒。早期足量

使用，配合苯巴比妥钠和氨丙嗪等镇静药同时使用，肌内注射一次量畜禽 0.05～0.10 克/千克体重。

（2）维生素 B_6 和维生素 K 也有解毒作用，可作为辅助治疗药物。

①异烟肼中毒：用 5 克维生素 B_6 配比成 5%～10%溶液缓慢静脉注射（5～10 分钟），20 分钟后可重复给药，可减轻异烟肼中毒引起的外周神经炎症状。

②抗凝血类鼠药和香豆素类抗凝药过量中毒：使用大量维生素 K_1，10～20 毫克缓慢静脉注射。轻度出血者一般单剂即可；中度出血者必要时 2～3 次/天。严重出血者，首剂20～50 毫克静脉注射，以后用 10～20 毫克，给药 3～5 次，视病情逐渐减量，并可用肌内注射给药，直至恢复正常。

7. 消毒防腐药物　能迅速杀灭病原微生物的药物称为消毒药；防腐药则是能抑制病原微生物生长繁殖的药物。二者没有严格的界限，消毒药在低浓度时仅能抑菌，而防腐药在高浓度时也可能有杀菌作用。

（1）作用及机理

①使菌体蛋白质变性、凝固：大部分的消毒药都是通过这一机理起作用，不仅能杀菌也能破坏宿主组织，只适合用于环境消毒，例如酚类、醇类、醛类等。

②改变菌体浆膜通透性：有些药能降低病原微生物的表面张力，增加菌体浆膜的通透性，引起重要的酶和营养物质流失，水向内渗入，使菌体溶解或崩裂，从而发挥抗菌作用，例如表面活性剂。

③干扰病原微生物体内重要酶系统：通过氧化还原反应损害酶蛋白的活性基团，抑制酶的活性；或因化学结构与代谢物相似，竞争或非竞争与酶结合而抑制酶的活性等，例如重金属盐类、氧化剂和卤素类。

（2）常用消毒防腐药：包含季铵盐类、碘类、碱类、醛类、氧化剂类等，如氢氧化钠、碳酸钠、石灰乳、漂白粉、氯胺、次氯酸钠、二氯异氰尿酸钠、三氯异氰尿酸钠、溴氯海因、过氧乙酸、二氧化氯。

（3）使用方法：临床上每3～5天更换另一种不同成分的消毒药，交替使用消毒效果更好。

（4）消毒液配制及使用方法（表2-1）。

表2-1 常用消毒液配制及使用方法

药物名称	配制浓度	使用范围及方法	注意事项
氢氧化钠（烧碱、火碱）	2%～4%	大门消毒池、道路、环境及圈舍空栏消毒	有强腐蚀性，消毒1～2小时后，用清水冲洗
生石灰	直接用或调制成10%～20%石灰乳	道路、环境及圈舍墙壁、地面、排污沟	现配现用，久置易失效
双链季铵盐	1∶1 500	饲养场地、设施及带体消毒	
碘制剂	1∶300		
过氧乙酸	0.5%～1.0%	饲养场地、设施、运输及生产工具、脱温室	易挥发，现配现用
甲醛	20毫升/米^3	主要用于熏蒸消毒	刺激性强
高锰酸钾	0.1%	皮肤、黏膜及深部伤口的冲洗	
碘酊	3%～5%	皮肤、伤口	
酒精	75%	皮肤、注射部位	易挥发

二、兽药安全使用原则

①尽量减少用药，确需用药，在兽医师指导下使用（图2-6）。

图 2-6　在兽医师指导下用药

②建立进货台账，确保采购药品质量合格，区分到期药物。

③所用兽药全部来自具有《兽药生产许可证》和产品批准文号的生产企业，或者具有《进口兽药许可证》的供应商（图 2-7）。

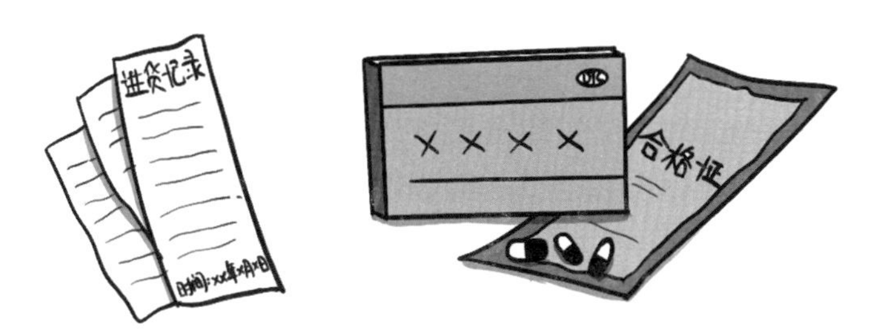

图 2-7　使用合格的兽药

④必须符合《中华人民共和国兽药典》《中华人民共和国兽药规范》《兽药质量标准》《兽用生物制品质量标准》《进口

兽药质量标准》和《饲料和药物添加剂使用规定》及相关规定。

三、兽药使用一般原则

1. 综合辨证，确切诊断，选择用药 对疾病进行确诊，分析疾病发生的原因，统计疾病的发病率，确定群体给药还是个体给药，最终确定给药方案。使用抗菌药物要及时、足量，尽可能选用杀菌性药物（如青霉素类、头孢菌素类、氨基糖苷类、多黏菌素类、氟喹诺酮类等）。

①正确控制剂量、疗程和不良反应。选择效果好、起效快、毒性低和副作用小的药物。足量、足疗程，如使用3天没有明显的治疗效果，更换治疗方案。

②抗菌药物剂量过小不仅无效，反而促使耐药菌株的产生，剂量过大不一定增效，甚至可引起机体的损害。

③为提高抗菌药物在血液中的有效抗菌浓度，开始剂量及急重病例的剂量可适当加大，症状已控制或轻症病例的剂量适当减少。

④药物疗程视疾病类型和患病情而定。一般3～5天为1个疗程。急性感染若临床治疗效果欠佳，应在用药1个疗程后进行调整。用药5～7天后至症状消退，休药1～2天再持续用药治疗。

⑤用药期间要随时注意药物的不良反应，一发现及时停药、换药和进行相应解救措施。肝肾功能不良时，药物的积蓄会产生不良反应。如金霉素、红霉素等主要经肝脏代谢，肝受损时在常用量下就可能在体内积蓄中毒。

2. 治标与治本相结合 俗话说“急则治其标，缓则治其本”。如动物发病导致咳嗽及呼吸非常困难时，在抗菌消炎同时也要使用对症治疗的药物，抑制咳嗽、促进呼吸道畅通。

3. 综合性治疗措施

①在处理疾病过程中，饲养管理和环境的改善非常有利于病情的恢复，可显著提高用药疗效。

如母猪发生便秘可在饲料中加入麸皮，适当提高饲料中青绿饲料的比例；治疗仔畜腹泻，除了使用药物治疗，还可在饮水中加入口服补液盐，防止仔畜发生脱水而死亡；治疗有腿疾的动物，建议隔离单独饲养，有利于病情的恢复。

②使用电解多维纠正水、电解质平衡失调，减少应激。

③注意机体免疫功能对药物的影响，慎用免疫抑制药物，如甲砜霉素、四环素和复方磺胺异噁唑等药物，一般感染不必合用地塞米松、泼尼松（强的松）、可的松等肾上腺皮质类激素。

4. 合理应用抗微生物药物

①联合用药可提高疗效，减少副作用，延缓或防止抗药性的产生。两种或两种以上药物合用时，可出现增强、相加、无关、拮抗四种现象。

②首先选择广谱抗菌药物，或根据病情选择，有条件的可通过细菌药敏试验的结果选择敏感性好的药物。

③选择使用联合用药可控制严重感染或混合感染，不易产生抗药性，可减少药物剂量和毒副反应，能治疗一般抗菌药物不易渗入部位的感染，如脑膜炎、骨髓炎等。除抗菌药物可以联合用药外，还可以选择中药制剂、维生素等联合使用。

5. 兽药配伍原则及配伍禁忌　药物配伍恰当可以改善药剂性能，增强疗效。但在联合配伍用药时，若发生药效变化，增加毒性，不利于质量或治疗的变化则称配伍禁忌，分为物理性、化学性和药理性三类配伍禁忌（表 2-2）。

表 2-2 药物配伍禁忌表

药物	药物									
青霉素类	青霉素类									
头孢类	±	头孢类								
链霉素类	+++		链霉素类							
新霉素类	++		—	新霉素类						
四环素类	±	±	±	++	四环素类					
红霉素类	±	±	±	++	++	++	红霉素类			
卡那霉素类	±	±	—		—	—	—	卡那霉素类		
多黏菌素	++		++	—	++	++		++	多黏菌素	
喹诺酮类	++		++		±	±	±	++	++	喹诺酮类
磺胺类	++	±	++	++	++	—	—	++	++	磺胺类

注：“+++”两种药物有加强作用；“++”两种药物有相加作用；“+”两种药物彼此无作用；“±”两种药物有拮抗作用；“—”两种药物有害作用加强或发生理化变化。

①物理性配伍禁忌：药物配伍时发生了物理性状变化，如某些药物配伍时破坏外观性状，造成使用困难。

②化学性配伍禁忌：药物配伍过程中发生沉淀、氧化还原、变色反应等化学变化，使药物分解失效。

③药理性配伍禁忌：为疗效性配伍禁忌，指处方中的某些成分的药理作用存在相互拮抗，从而降低药效和产生毒副作用。

6. 抗生素的配合使用

（1）根据抗生素对微生物的作用方式的不同大概分为四类

Ⅰ类：繁殖期杀菌剂，包括青霉素类、头孢菌素（先锋霉素）类。影响繁殖期细菌细胞的合成，因而Ⅰ类抗生素可显示出强大的杀菌效力，动物发病严重时可首选此类药物。

Ⅱ类：静止期杀菌剂，主要有氨基糖苷类抗生素，如链霉素、庆大霉素、新霉素、卡那霉素及丁胺卡那霉素，对静止期细菌有较强的杀灭作用。

Ⅲ类：速效抑菌剂，主要包括氟苯尼考、红霉素、林可霉素及四环素等，此类抗生素能快速抑制细菌蛋白质的合成，从而抑制细菌的生长繁殖。

Ⅳ类：慢效抑菌剂，包括甲氧苄啶、二甲氧苄啶、磺胺类等，其主要作用机理是抑制细菌叶酸转化，间接抑制蛋白质合成而起抑菌作用，其作用较Ⅲ类药物慢。

（2）四类药物的联合使用

Ⅰ类＋Ⅱ类：可获增强作用。临床上对病原菌不明的细菌性感染，常选用青霉素类（如青霉素、氨苄西林等）与氨基糖苷类（如链霉素、庆大霉素、卡那霉素等）合用。这不仅对细菌有较强的杀灭作用，对耐青霉素的金色葡萄球菌也有效。

Ⅰ类＋Ⅲ类：通常不能联合使用。

Ⅰ类＋Ⅳ类：一般不发生拮抗，多呈现无关作用。

Ⅱ类＋Ⅲ类：可获增强或相加作用，如四环素和链霉素联用，能增强对布氏杆菌的治疗作用；红霉素和链霉素联用，对猪链球菌病有较好疗效。但要注意并不是所有的Ⅱ类和Ⅲ类均可联用。

Ⅱ类＋Ⅳ类：可获增强或相加作用。如多黏菌素和磺胺药合用，可增强对变形杆菌的抗菌作用。TMP可增强四环素、庆大霉素、卡那霉素的抗菌作用。

Ⅲ类＋Ⅳ类：一般不发生拮抗而呈现相加作用。

四、给药途径

给药途径包括内服（饮水、拌料、灌服）、注射（皮下注射、肌内注射、静脉注射）、外用（涂擦、喷雾吸入、肛门塞入）等。不同病症需采用不同的给药方法。

1. 内服给药法

（1）混饮给药

①选择清洁干净的饮用水，选用兽药要易溶于水。

②准确计算好不同日龄畜禽群供水量和饮水中添加药物剂量，保证药物与水充分混匀，药物充分溶解。

③最好用温水，饮水量为摄食量的两倍；混饮剂量应为混饲剂量的1/2。例如阿莫西林在仔猪饲料中的治疗剂量为200克/吨，在饮水中的剂量应为100克/米^3。

④用药前先行断水，断水时间视舍温情况而定，舍温在28℃以上，控制在1.5～2.0小时；舍温在28℃以下，控制在2.5～3.0小时。

（2）拌料混饲给药

①按照拌料给药浓度准确计算所用药物的剂量，按照体重给药计算出总体重，再按照要求把药物添加进饲料。药物称量准确，切不可估计，以免过少影响药效，过量产生中毒等不良作用。

②饲料与药物混合均匀。可用1∶20分级拌料，例如10

克药物要添加到40千克饲料中，应先将10克药物与200克饲料预混均匀，再与4千克饲料预混均匀，最后再与剩下饲料混合，绝不能将10克药物直接添加到40千克饲料中。

③密切关注用药后的效果和不良反应。有些药物混入饲料后，可与饲料中的某些成分发生拮抗作用，若出现不良反应，应停止饲喂。

（3）灌服给药：对个别不吃不喝的畜禽、具有特殊气味的药品，或吸收很差甚至不吸收的药物，如肠道抗菌药、驱虫药、制酵药、泻药等可采取直接灌注到胃肠内。

2. 注射给药法

（1）注射操作注意事项

①注射器必须吻合无隙、清洁、畅通，并严格消毒。

②注射前仔细查药品名称、用途、剂量、性状以及是否过期等，如同时注射两种以上药品，应注意药物的配伍禁忌。

③静脉注射的药液，特别是有强烈刺激性的药液，应防止漏于血管外。

④注入大量药液时，应加温药液至体温；注射前要排净注射器或胶管内空气。

⑤如果针头发生折断，可用器械取出，或在局部麻醉下，切开组织取出。

⑥注射部位和注射方法要准，严禁打“飞针”或不按规定要求的部位进行注射。皮下注射的不可注射到肌肉或脂肪层，肌内注射的不可注射到皮下或脂肪层。

（2）肌内注射法：将药液注入肌肉组织内的方法。不宜或不能做静脉注射，要求比皮下注射更迅速发生疗效，以及注射刺激性较强或药量较大的药物时，都可采用肌内注射法（图2-8）。

针头的选择：根据动物个体、体重及日龄选择不同型号（包括大小、长短）的针头。最好使用一次性针头，或提前对针头进行消毒。

针头过短或过长均不利于准确注射，要求肌内注射的，若注入皮下或脂肪层，会影响药物的吸收，皮肤容易起泡感染。20 日龄仔猪选择 7 号针头，20～40 日龄（仔猪体重 30 千克以下）选择 9 号针头，40～60 日龄（猪体重 30～60 千克）选 12 号针头，60～90 日龄选择 14 号针头，90 日龄（60 千克以上）选择 16 号针头。

图 2-8　肌内注射部位

猪：注射部位在颈侧或臀部肌肉，尽量选择在颈部注射。局部剪毛消毒后将针头刺入肌肉注入药物。

禽：腿部或胸部是主要注射部位。

牛、羊：一般选择在肌肉丰富的臀部或颈侧。剪毛消毒，将针头垂直刺入肌肉适当深度。

（3）静脉注射法：把血液、药液、营养液等液体物质直接注射到静脉中。可分短暂性即与连续性，短暂性即用针筒配液后直接注入动物静脉；连续性即使用软管进行静脉滴注。

注射部位：一般用于中、大动物，猪在两侧耳静脉，牛羊在两侧颈静脉，位置在颈静脉沟的上 1/3 处（图 2-9）。

猪：猪站立或侧卧保定，耳静脉局部剪毛、消毒。一人用手捏住猪耳根部的静脉处，使耳背面静脉怒张，辅助指头弹扣或酒精棉球反复涂擦局部，引起血管充盈暴露。用左手拇指按住猪耳背面，其余四指垫于耳下，将耳托平并使注射部位稍高，右手持连接针头的注射器，沿耳静脉径路刺入血管内，轻轻抽动针管活塞，见有回血时，再将针筒放平并沿血管向前进针，然后用左手拇指按住针头结合部，右手慢慢推进药液。

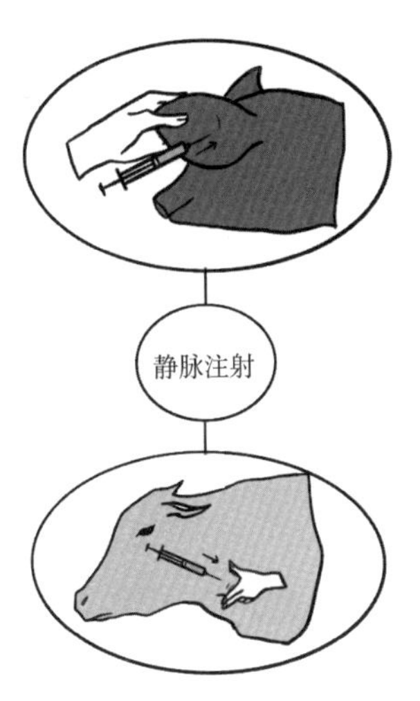

图 2-9 静脉注射部位

牛羊：右手持针，左手紧压颈静脉沟的中 1/3 处，确定静脉充分鼓起后，立即对进针部位消毒，然后右手迅速将针刺入静脉内，当血液呈线状流出，套上注射器或输液管。

注射完毕，用酒精棉球压住针孔，右手迅速拔针，然后涂擦碘酊消毒。

（4）腹腔注射法：当生产中发现有生命垂危的幼畜，由于其末梢血管不太明显，静脉大量输液比较困难，可采用腹腔内注射方法（图 2-10）。

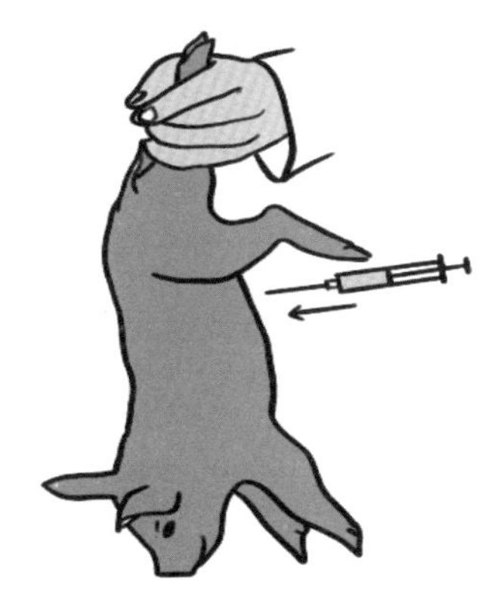

图 2-10 腹腔注射部位

先将其倒提保定，使幼畜肠管下移，并在耻骨头下缘与腹壁垂直处（倒数第 2 对乳头外侧 2 厘米处）。使用普通 12 号注射针头，垂直刺入皮肤，再进入腹腔2～3厘米，针刺入后感觉活动而无抵触、回抽活塞无气体和液体时即可缓慢注入药液，2～3分钟注射200毫升左右。注射完毕，消毒注射部位即可。

（5）皮下注射法：猪的注射部位通常在耳根部或股内侧，牛、羊在颈侧（图2-11）。注射时，左手拇指、食指捏起局部皮肤，右手将注射器头从拇指和食指之间45°角刺入皮下2～3厘米，注入药液。注射时不要将捏起的两层皮肤刺穿，注射完毕用酒精棉球按住进针口的皮肤，即可将针头拔出。

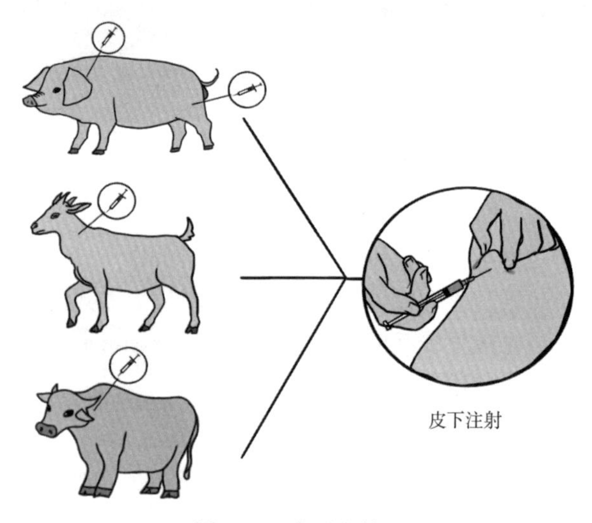

图2-11 皮下注射法

（6）后海穴注射：后海穴位于猪的肛门上方尾根下方的正中窝处。后海穴对症注射药物，能刺激猪的神经系统，促进血液循环，调节体液，而达于病变部位，发挥针刺的神经刺激及药物的治疗作用，如仔猪发生脱肛、子宫脱出、子宫炎等通过后海穴注射治疗效果较好。母猪后海穴注射口蹄疫疫苗比肌内注射产生的抗体多；传染性胃肠炎与流行性腹泻二联苗必须后海穴注射，肌内注射效果差。

操作方法：提起尾部，酒精消毒，针头对准凹陷中央，平行直肠稍向上顺尾根骨刺入，注意不能向下以防刺破直肠。保育猪进针1～2厘米，育肥猪2～3厘米，种猪4厘米左右，进针后把药物或疫苗注入即可。

3. 其他给药方法

（1）直肠、结肠给药法：这种注射方法能使药物直达肠道病灶，减少肝脏的代谢，提高疗效。肠给药可用于不能内服或静注的患畜，作营养性补液或给予水合氯醛麻醉等。

药物配制好备用，将输液器塑料下端插入患畜肛门，进入结肠15～20厘米处，另一端插入药瓶或注射器，直接用注射器将药液推入，大动物宜前低后高，小动物可以倒提，药物可在注射前加热至体温。

（2）皮肤、黏膜用药法：将药物用于皮肤黏膜的表面，如滴耳、滴鼻、点眼或涂擦、洗敷等。药物发挥其局部保护、消炎、杀菌、杀虫等作用。常用的剂型有软膏、擦剂及糊剂等。

加入羊毛脂可增加药物的渗透能力；体表寄生虫可用含杀虫药的乳剂、溶液喷洒或浸浴，但注意过量可能吸收中毒。

（3）吸入给药法：将药物制成蒸汽或气雾剂，经呼吸道吸入的给药方法。用于输氧、呼吸道炎症的治疗、气雾免疫及小动物的吸入麻醉等。动物肺泡的面积很大，并有丰富的毛细血管，气态的药物吸收很快，药物作用的出现也较迅速。

（4）阴道及乳管内注入法：为解除便秘或消除阴道、乳腺炎症，药物直接注入阴道和乳腺内，使药物在局部发挥作用。

主要用于无痛分娩，缩短产程，治疗母畜的产后三联症；防止难产，产后瘫痪；难产时进行子宫灌注，有利于生产；清洗子宫，防止胎衣不下、恶露不尽；防止产后感染，防治子宫炎、阴道炎和乳腺炎；清宫助产除恶露，催情催乳抗炎症；催情助孕，延长母畜的使用寿命。

第三章　动物疾病诊断和防治

第一节　动物疾病的诊断

一、动物疾病诊断的概念和分类

1. 动物疾病诊断　对动物所患疾病的性质、部位和病理的认识，以及对病因和机体功能状态作出的判断。

2. 分类

（1）根据获得临床资料的方法分类：症状诊断、体检诊断、实验诊断、超声波诊断、X射线诊断、心电图诊断、内窥镜诊断、手术探查诊断和治疗诊断等。

（2）根据诊断的确切程度分类：初步诊断和临床诊断。初步诊断又分为疑似诊断、临时诊断、暂定诊断。

（3）按诊断内容分类：病因诊断、病理形态诊断、病理生理诊断。

二、动物疾病临床检查的基本方法和程序

兽医临床检查的主要目的在于了解病畜概貌，观察病畜的整体状态。分为感官检查或利用工具检查。感官检查包括被毛、皮肤及皮下组织、眼结膜、体表淋巴结等的检查，工具检查有体温计测量体温，呼吸计数器测量呼吸等。

（一）临床诊断的基本方法

1. 问诊　向畜主、饲养员了解病畜或畜群患病前后的情况，初步推测疾病的性质。可参考中兽医问诊方法：一问寒热

二问汗，三问头身四问便，五问饮食六胸腹，七聋八渴俱当辨，九问旧病十问因。

（1）既往史：患病动物曾经发病情况。

（2）现病史：详细询问发病时间、地点、发病程度（急性、慢性或中毒）、病畜头数；就诊前的主要表现、发病症状；采取过治疗和用药情况和治疗效果等。

（3）饲养管理情况，包括饲养、饲料质量、环境卫生、使役与生产性能、引种及免疫情况。

（4）流行病学：了解周围养殖场畜禽的发病情况，分清是细菌病、病毒病、寄生虫病、中毒病、地方病或营养代谢病等；是个体发病、散发或群发病等；是由一般饲养管理不当或其他原因引起的偶发病，是原发还是继发，是急性还是慢性，还是其他致病原因等。

2. 视诊　在充足的天然光线下用眼睛仔细观察病畜一般状态和全身性的体征。局部视诊可了解病畜身体各部分的改变，特殊部位的视诊需借助于某些仪器如耳镜、鼻镜等帮助检查（图 3-1）。

（1）全身状态：观察动物发育、营养、精神、体态、姿势状况和运动、咀嚼、吞咽与反刍等行为。

①正常动物的行为：猪吃饱后多卧，行走时尾巴不时摆动；牛常半侧卧，鼻镜湿润，人一接近即行起立，间歇性反刍（倒嚼）；羊、牛、马长时间站立等；舌头伸缩自如，柔软灵活，舌苔薄白均匀，干湿适中。

②发病动物的表现：牛、羊、马出现腹痛时，会起卧打滚，前肢刨地，后肢踢腹。鼻镜或鼻盘干燥，采食吞咽、咀嚼困难。若舌苔出现白色为气血不足，赤色为发热症，青色为寒邪及疼痛，黄色为肝胆脾湿热，黑色为预后不良。

（2）体表皮肤和天然孔：观察皮肤、被（羽）毛、可视黏膜等状况和颜色。

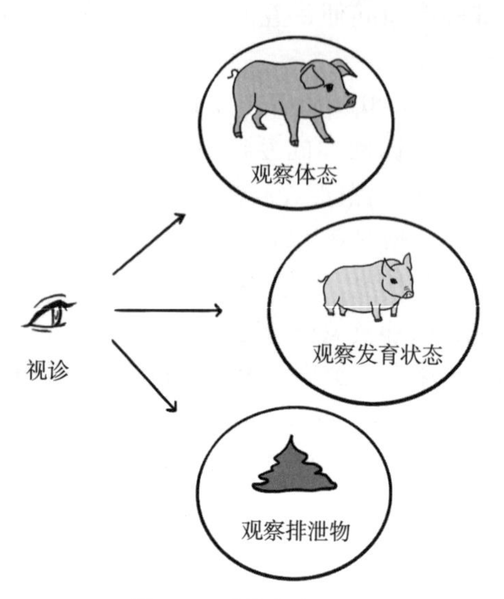

图 3-1 动物临床视诊

（3）排泄物和分泌物有无颜色和气味异常，如粪便形状，有无寄生虫等。

3. 触诊 通过手指、掌或拳和借助仪器检查畜禽的体表、内脏和局部等病变及发病情况（图 3-2）。

（1）体表：皮温、体温、皮肤弹性、肿块等。

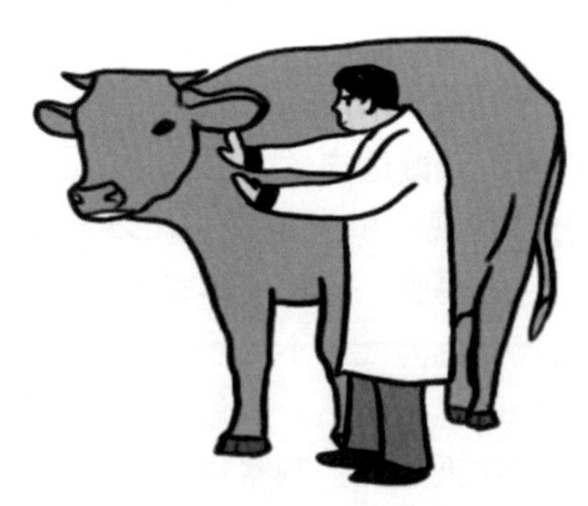

图 3-2 动物临床触诊

（2）皮下：浅在淋巴结、皮下组织等有无肿痛、水肿，敏感度、坚硬度是否正常等。

（3）内脏器官：用听诊器检查心脏跳动、脉搏频率，检查胃肠蠕动强弱及内容物的性状。

（4）大动物直肠检查对于腹腔与盆腔器官疾病和母畜妊娠诊断尤为重要。

4. 叩诊　用叩诊锤叩击紧贴于动物体壁的叩诊板，使深部组织器官振动发出音响，根据音响性质判断疾病发生的部位及程度。主要检查胸、腹腔器官，如判断肺炎浊音区、胸腔积水、积食、肝脓肿与窦腔蓄脓等。一般用于大动物的内科病诊断，小动物可用手指叩诊（图 3-3）。

（1）叩诊音：物体震动产生的声波，因物体的震动能力不同而异，由音调、音量和音色三要素决定。

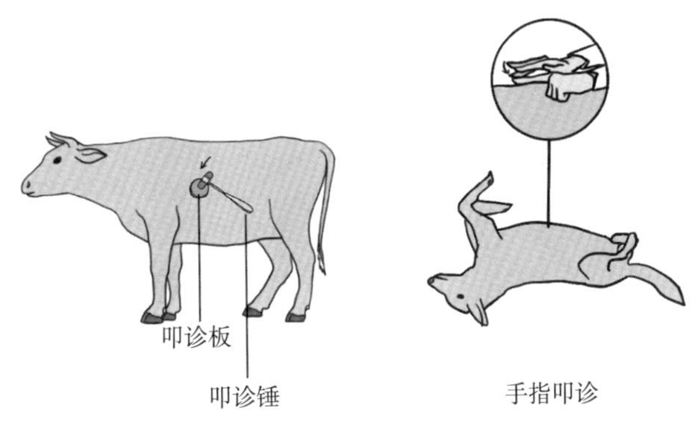

图 3-3　动物临床叩诊

（2）动物体的叩诊音

清音：正常肺叩诊音，包括鼓音、过清音。

浊音：包括半浊音和浊音。

5. 听诊　利用听诊器听诊内脏器官活动的声音，包括心音、呼吸音和肠胃音（图 3-4）。根据肺部的啰音、支气管呼吸音和心脏杂音、反刍动物前胃和马肠道的蠕动音强弱等，来判断该器官正常与否。

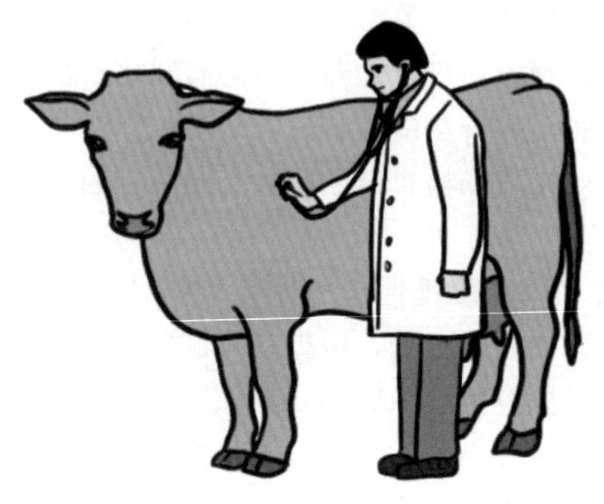

图 3-4　动物临床听诊

6. 嗅诊　根据病畜呼出气体，口腔、皮肤、分泌物以及粪尿等散发出来的异常气味诊断患病的部位与病理变化。如患肺坏疽病时呼出的气体带有腐臭味，牛酮血病的汗和尿液有酮味，患脓性子宫炎时阴道分泌物污浊而有腐臭味等（图 3-5）。

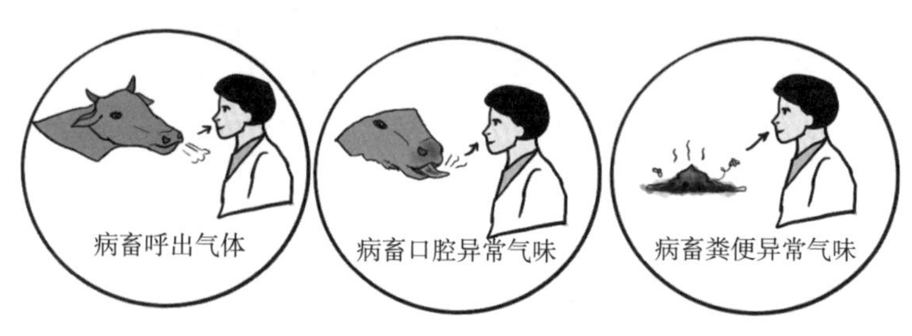

图 3-5　动物临床嗅诊

（二）临床检查的程序

1. 动物的接近和保护　了解病畜的性情，可远观病畜的表现。接近动物时请畜主或饲养人员协助，检查者以温和的呼声，从其前侧方徐徐接近，绝对不可从其后方突然接近。接近后用手轻抚动物颈侧或肩部，使其保持安静和温顺状态，但要随时注意保护人身安全。

2. 保定

（1）保定注意事项

①要了解动物的习性，有无恶癖。

②对待动物应有爱心，不要粗暴对待动物。

③选用绳索应结实，粗细适宜，绳结应为活结，危急时刻可迅速解开。

④选择适宜场地，地面平整，没有碎石、瓦砾等，以防动物损伤。

⑤适当限制参与人数，切忌一哄而上惊吓到动物，注意个人安全防护。

（2）家禽的保定：右手放在禽背上，左手拇指和食指夹住其右腿，无名指和小指夹住禽的左腿，使禽胸腹部置于左掌中。

（3）猪的保定

①圈舍保定法：把猪轰赶到圈舍的角落，用木板挡紧，慢慢接近，迅速进行检查或注射，适用于圈养猪的保定。

②站立保定法：双手抓住猪两耳，并将其头向上提起，再用两腿夹住猪的背腰，适用于仔猪的保定。

③提举后肢保定法：将仔猪两后腿捉住，并向上提举，使猪倒立，同时用两腿将猪夹住。适用于小猪保定。

④横卧保定法：一人抓住猪的一只后腿，另一人抓住猪的耳朵，两人同时向一侧用力将猪放倒，并适当按住颈及后躯，加以控制。适用于保定中猪。

⑤木棒保定法：用一根长1.6～1.7米的木棒，末端系长35～40厘米的麻绳，另一端系麻绳15厘米，做成一个固定大小的套，套在猪上颌骨犬齿的后方，随后将木棒向猪头背后方转动，收紧套即可保定猪。用于保定大猪和性情凶狠的猪。

⑥鼻绳（保定绳）保定法：用一条2米长的麻绳，在一端

做成直径15～18厘米的活结绳套，从口腔套在猪的上颌骨犬齿后方，将另一端拴在柱子上或用人拉住，拉紧活套使猪头提举起来，即可进行灌药、打针等。适用于大猪和性情凶猛的猪保定。

（4）牛保定：常使用保定架保定，也可将牛鼻钳的两钳嘴抵入两鼻孔，迅速夹紧鼻中隔，用一手或双手握持，用绳在两后肢飞节上方将其绑在一起。徒手保定牛时可用一手抓住牛角，用另一手的拇指与食指、中指捏住牛的鼻中隔加以固定。

（5）马属动物保定：最好使用保定架保定。徒手保定时先抓住缰绳，用手往上提上唇，或抓住一只耳朵保定。

3. 一般检查程序

（1）登记或记录：系统地记录就诊动物的标志和个体特征，登记动物种类，包括品种、性别、年龄等。

（2）病史问诊：畜主姓名、性别、联系方式、病史陈述等。主诉动物最明显的症状或体征、发病持续时间、就医和用药等情况。

（3）现场检查：对发病动物进行个体和群体现场检查。首先检查群体环境、疫苗接种和免疫程序；然后对生产性能、饲料种类及调配方法、使役及环境气候等进行调查；最后进行重点抽样检查，确定专项检查及特殊检查内容。

（4）做好病历记录，有利于总结经验，积累科学诊疗资料。

4. 一般临床检查

（1）整体检查：主要以视诊完成，观察动物的精神状态、营养及体格发育状况、姿势等。

（2）被毛检查：健康畜禽的被毛平顺而有光泽，每年春秋两季脱换新毛。若被毛粗乱无光泽，易脱落，多见于营养不良、某些寄生虫病、慢性传染病；局部被毛脱落，可见于湿疹、疥癣、螨虫皮肤病；鸡的啄羽症脱毛，病因多为应激、代谢紊乱、异食癖和营养缺乏等。

（3）眼结膜检查：先观察眼睑有无肿胀、损伤及分泌物的数量和性状，然后打开眼睑检查。结膜潮红是充血，结膜苍白是贫血，结膜发绀是缺氧，结膜黄染为血液中胆红素含量增高。

（4）体温、脉搏和呼吸数检查

①体温：一般检查畜禽直肠内的温度。检查前先将体温计消毒，把水银柱甩到35℃以下，涂以润滑剂。用酒精棉球消毒动物肛门，插入动物直肠内停留3～5分钟，取出后擦去粪便或黏液，读取数据。

②脉搏：先让动物保持安静，检查者要心平气静，将中指、食指放在病畜的动脉上，数1分钟的脉搏数，以“次/分”表示。牛在尾中动脉或颈外动脉；马属动物在下颌动脉；羊、犬、兔等中小动物在股内侧的股动脉。脉搏触诊检查可反映心脏和血管的机能和状态。

③呼吸数：检查应在畜禽安静时进行。测定动物每分钟的呼吸次数。

动物正常的体温、脉搏和呼吸数见表3-1，若出现与正常值有差异或差异较大，考虑是否有疾病发生。

表3-1 畜禽正常体温、脉搏和呼吸数

畜别	正常体温（℃）	正常脉搏数（次/分）	正常呼吸数（次/分）
马、骡	37.5～38.5	30～40	8～16
驴	37.0～38.0	40～50	8～16
牛	37.5～39.5	50～60	10～30
羊	38.0～40.0	70～80	12～20
猪	38.0～39.5	60～80	10～20

（续）

畜别	正常体温（℃）	正常脉搏数（次/分）	正常呼吸数（次/分）
兔	38.5～39.5	120～140	50～60
鸡	40.0～42.0	120～200	22～25
犬	37.5～39.0	70～120	10～30
鸭	41.0～43.0	120～200	15～30

（5）系统临床检查

①心脏检查：心脏位于胸腔下1/3处，第3～6肋骨间，偏于胸腔正中线的左侧，大部分与左侧胸壁直接接触。被检动物呈站立姿势，露出心区，将听诊器的集音头放在心区进行听诊。听诊心音时，应注意心音的频率、强度、性质，有无节律不齐及心杂音。

②呼吸系统检查

上呼吸道的检查：用手电筒或鼻镜照射动物的鼻孔，观察鼻黏膜的颜色，看是否发生损伤和肿胀。正常动物听诊能够听到气管发出类似于“呵呵”的呼吸声。

胸肺部的检查：听诊器对胸肺部进行听诊，先从肺区中1/3开始，由前向后逐渐听取，然后听上1/3，最后下1/3。正常状态可听到微弱的类似于轻读“夫”的肺泡呼吸音。异常呼吸音有肺泡呼吸音的增强、减弱或消失及支气管呼吸音或混合呼吸音、啰音、捻发音、胸膜摩擦音等。

③消化系统检查：在动物采食与饮水过程中仔细观察其活动与表现，注意采食、饮水的方式，食量多少，咀嚼吞咽状态，有无异食癖、咀嚼和吞咽障碍，反刍、嗳气是否正常，有无呕吐现象等。

手消毒后从嘴角进入动物口中，手指并拢，横过口腔压住舌体拉出口腔，检查口腔内黏膜、舌体、舌苔、牙龈等有无病变和损伤的现象。

④生殖系统检查：严格消毒检查者双手和阴道开张器。将家畜的尾巴提起，先检查阴门有无肿胀和肿瘤。用0.1%的新洁尔灭溶液清洗阴门，再用阴道开张器扩张阴道，观察阴道黏膜颜色、湿度，有无损伤、肿物及溃疡。

（6）特殊检查：借助于一定设备和手段的辅助诊断方法。

①穿刺术：利用各种特制穿刺针刺入体腔或器官内来探查病理内容物，如瘤胃穿刺、盲肠穿刺、胸腔穿刺、腹腔穿刺、肝脏穿刺、骨髓穿刺等，同时采取病料或活体组织送实验室检查作病原确诊。

②导管探查：使用胃导管、导尿管或乳头导管检查相关器官。

③金属探测仪：探查牛网胃与瘤胃内有无铁质异物。

④血压计：测定动脉与静脉血压。

⑤各种内窥镜：观察家畜喉、胃、膀胱与直肠等黏膜病变。

⑥心电图：记录心电数量的变化，以诊断心脏传导阻滞、期外收缩、心律失调、心肌肥大与损伤等病变。

⑦超声探查：对各组织回波的距离、强弱和衰减等规律分析，帮助诊断心脏、肺脏、肝脏与胆囊疾病，以及腹水与妊娠等。

⑧X射线检查：常用X射线诊断心脏、肺脏与气管、胃肠道以及骨骼等疾病。

⑨B超检查：可观察到各脏器及周围器官的各种断面，借以诊断动物的患病原因并确定治疗方法。

三、实验室检测

借助实验室的仪器设备对送检物质的内容、性质、浓度、数量等进行物理或化学检验，辅助诊断疾病（图3-6）。

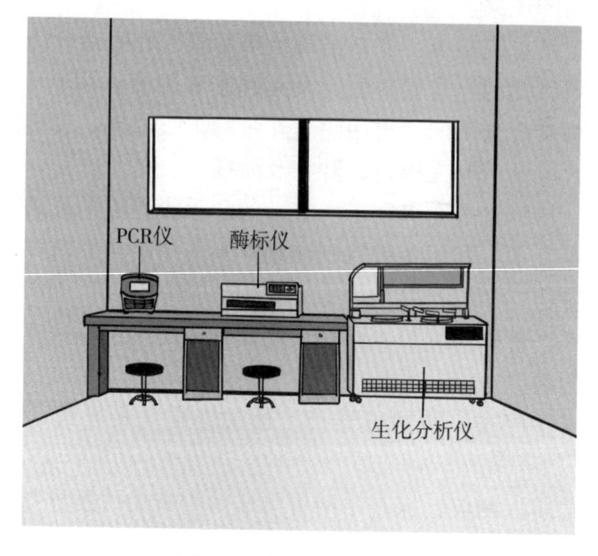

图 3-6 常用实验室仪器

1. 实验室检测的重要性

①传统的诊断方法不能完全准确诊断现在的动物疾病，专业的实验室检测技术可以弥补这一缺陷。

②有利于疫情的预测和预警。疫病预警体系建设可以控制动物主要疫病的发生和传播，降低发病率，减少因扑杀造成的巨大经济损失和社会影响。

③通过定期抗体检测可实时动态了解疫苗免疫和效果，了解某种疫苗是否产生抗体及抗体水平的高低；可以比较不同厂家、不同种类、不同批次疫苗的质量；验证免疫方法是否正确；为免疫程序的制定和修改提供参考。

④通过病原检测，掌握养殖场某种病原的真实存在情况，确定发病原因、动物带毒情况，掌握养殖场重要疫病传染源和传播途径等情况。淘汰阳性感染动物、建立阴性种群、采取全进全出等措施，完成对某种疾病在养殖场的净化。

2. 实验样品的采集

（1）采集的原则：采样前，核对检验项目、目的及注意事项。选择适当容器并贴上标签和编号，标注时间并重复查对。无菌操作采集样品。选择临床症状较为明显的发病动物进行采样。

（2）抗体检测采样：采集的样品为血液，不需要添加抗凝剂。

以1个猪场为例，对猪场疫苗效果进行评价，应区分猪群各阶段，每个阶段随机采样5%～10%。不同规模，不同阶段可根据表3-2采样，准确反映整个猪场的情况。

表3-2　不同猪场采样数量

存栏母猪（头）	采样数量（份）			
	母猪	仔猪	保育猪	育肥猪
100头以下	10	10	10	10
100	10	12	12	12
500	12	15	15	15
1 000	15	18	18	18
3 000	20	25	25	25

无菌采集血液，使用一次性注射针头，采集静脉血5～10毫升，注入普通采血管中（无抗凝剂）；室温斜放静置30分钟，或采用离心机离心，分离血清，分装编号，冷藏保存备用。

（3）病原学检测采样

①选择发病特征明显的动物2～3头（羽），无菌剖检，先胸腔后腹腔。无菌操作采集发病典型畜禽的组织，如淋巴结、肺脏、水疱液、流产脐带血、阴道分泌物、关节液、肠道及内容物等；样品编号、标注后置于无菌袋（管中）冷藏（冷冻）备用。样品若要做病原菌检验，应在未用药物治疗

前采集。

②以猪为例，检测不同疾病采集不同的组织器官（表 3-3）。

表 3-3　常见猪病采样要求

病名		建议采集的组织器官
呼吸道疾病	猪瘟	扁桃体、脾脏、肾脏、淋巴结、血液
	非洲猪瘟	扁桃体、脾脏、肾脏、淋巴结、血液
	猪伪狂犬病	神经组织、扁桃体、血液
	猪繁殖与呼吸综合征	肺脏、流产胎儿、淋巴结、血液
	猪肺疫	肺脏、气管、淋巴结
	猪传染性萎缩性鼻炎	肺脏、气管、鼻液、淋巴结
	猪传染性胸膜肺炎	肺脏、气管、
	猪圆环病毒病	肺脏、脾脏、肾脏、淋巴结、血液
	副猪嗜血杆菌病	肺脏、心包液、脑、关节液
	链球菌病	肺脏、气管、脑、淋巴结、关节液
消化道疾病	猪细小病毒病	死胎脐带、扁桃体、母猪血液
	猪传染性胃肠炎/轮状病毒病/流行性腹泻	空肠、肠系膜淋巴结、粪便
	增生性肠炎	空肠、粪便
	猪沙门氏菌病	肺脏、肝脏、肠及内容物
	大肠杆菌病	肺脏、心脏、肠及内容物
血液寄生虫	弓形虫病	肺脏、抗凝血

③样品采集方法

血液：全血一般加抗凝剂，冷藏时间不宜太久，以免溶血。

分泌物和渗出物：用灭菌棉拭子采取；采集乳汁时，应先消毒乳房，不取最初的乳汁。

淋巴结、脏器和肌肉：淋巴结连带周围脂肪整体采集；脏器和肌肉取病变最明显的部位；置于灭菌容器。

唾液：咀嚼绳。在圈舍上方拴一根绳子，下垂至猪肩膀高度，绳下端蓬松，让猪自由咀嚼 20～30 分钟，然后用无菌袋套在绳子上把唾液挤到无菌管中冷藏保存或送检。

水疱皮：剪取新鲜水疱皮 3～5 克，放入灭菌小瓶。

肠液及肠管：两端结扎，置灭菌玻璃容器或塑料袋。

流产胎儿、小动物尸体：用不透水塑料袋包紧，装箱送检。

脓汁：备灭菌棉拭子、注射器。用灭菌棉拭子蘸取已破口脓灶脓汁，置入灭菌离心管中；未破口脓灶，用灭菌注射器抽取脓汁，密封低温保存。

咽/鼻/肛门拭子：准备无菌棉签、无菌管、PBS 液。咽拭子：头后仰，打开嘴，固定舌，拭子越过舌根到达扁桃体和咽部，反复旋转 3～5 次，避免接触唾液，放入无菌管中 PBS 液浸泡备用。鼻腔/肛门拭子：抬头/尾，拭子进入鼻腔/肛门，在黏膜处旋转 3～5 次，取出放入无菌管中 PBS 液浸泡备用。

环境样品的采集：包括空气、饮水、圈舍、粪沟、污水、运输工具、饲喂工具等。采用一次性纱布加 PBS 液擦拭检测面，无菌采集液体。

寄生虫病料的采集：血液寄生虫按照表 3-3 要求采集。肠道寄生虫检测应采集新鲜粪便。

3. 实验样品的送检 使用疫苗专用箱或泡沫箱加冰袋保存运输。样品密封，运输时间不应超过 24 小时。特殊样品可以低温冷冻或超低温液氮保存运输。

4. 实验室检测内容

(1) 寄生虫检查：包括血吸虫、旋毛虫与肠内寄生线虫的检测。

(2) 血液检查：常用于感染、炎症、贫血、出血性素质、血液原虫等疾病的诊断。主要有红（白）细胞计数、血红蛋白测定、红细胞沉降率测定、血细胞比容测定、血小板计数、红细胞脆性试验、出血与凝血时间测定等。

（3）尿液检验：分物理、化学和尿沉渣镜检，对泌尿道疾病、某些中毒病和代谢病的诊断有价值。

（4）粪便检查：有助于消化道出血和胃肠道寄生虫病的诊断。

（5）毒物检验：多种中毒病的诊断，包括农药、兽药、动植物毒素、霉菌毒素等的检测。

（6）细菌学检验：病料直接涂片或经培养后镜检病原菌，确诊发病病因。

（7）血清学诊断：广泛用于传染病的诊断，具有较高的准确性。

凝集反应：用于诊断布氏杆菌病、出血性败血病和鼻疽等。

沉淀反应：多用于诊断炭疽。

补体结合反应：用于诊断鼻疽、布氏杆菌病、口蹄疫、结核病、猪水疱病、犬瘟热和牛肺疫等。

血清中和试验：用于诊断口蹄疫、鸡传染性法氏囊病等病。

免疫荧光技术：用于诊断猪瘟、猪伪狂犬病、猪水疱病、猪传染性胃肠炎等。

琼脂凝胶沉淀试验：用于诊断口蹄疫、鸡传染性法氏囊病、牛瘟、鸡马立克氏病等。

酶联免疫吸附试验：用于诊断各种动物的疫苗免疫抗体或感染抗体。

（8）核酸检测：检测的物质是病原（病毒、细菌或寄生虫等）的核酸。核酸检测是查找患病动物样品中是否存在外来入侵的病原核酸，来确定是否被该病毒感染。因此，一旦检测为核酸“阳性”，即可证明患病动物体内有病原存在。核酸检测可快速诊断致病病原，辅助确诊疾病，可确定病原体数量与感染性疾病病情的轻重程度、传染性及治疗效果。

第二节　动物传染病的预防与控制

一、动物传染病防疫方式的转变

动物传染病也称为动物疫病，人类从一开始对疫病采取躲避，后来转向治疗，最后发展到主动预防、净化和综合防控等。现代动物疫病的防疫也经历了从“疫病治疗”到“疫病预防”到“疫病防控”，最终实现“疫病消除”的过程（图 3-7）。

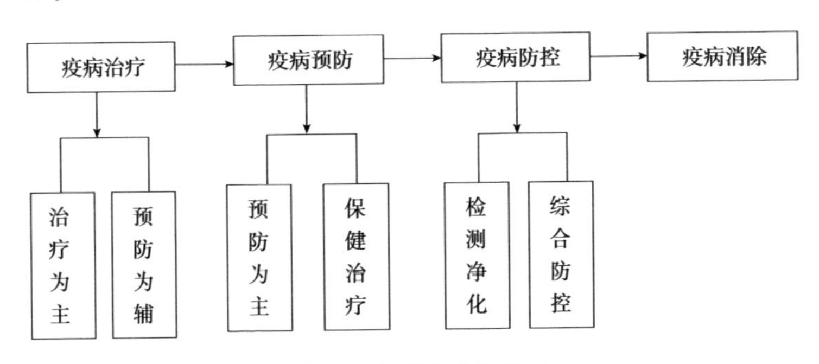

图 3-7　防疫方式的转变

（1）疫病治疗：动物发生疾病，进行药物治疗。

（2）疫病预防：主要是指对动物采取免疫接种、驱虫、药浴、疫病监测和对动物饲养场所采取消毒、生物安全控制、动物疫病的区域化管理和防疫承诺制等一系列综合性措施，防止动物疫病的发生。

（3）疫病防控：通过综合性的疫病控制措施降低已经存在于动物群中某种传染病的发病率和死亡率，即将患病动物进行隔离、消毒、治疗、紧急免疫接种和封锁疫区、扑杀传染源等，以防止疫病在易感动物群中蔓延。

（4）疫病消除：对已经存在的动物疫病，采取监测、淘汰等措施，逐步净化直至消灭。某些重大动物疫病在一定区域被消灭或根除，一定地区内可以实现，全球范围很难实现。

二、针对传染源的防疫措施

1. 基本原则 控制和消灭传染源，截断病原体的传播途径，提高家畜对传染病的抵抗力。根据各种传染病的特点，对不同的流行环节，分清轻重缓急，找出防控关键点，以达到在较短期间内，用最少的人力和物力控制传染病的流行。

2. 基本内容 包括“养、防、检、治”四个综合性措施，分为平时的预防措施和发生疫病时紧急处理和扑灭措施。

制定和执行定期预防接种和补种计划（图 3-8）；制定切合本养殖场实际的防疫计划，按时接种疫（菌）苗，积极预防传染病和寄生虫病（图 3-9）。

图 3-8 疫苗接种

①加强饲养管理，提高动物抗病力：保证动物生长发育的营养需要，日粮均衡符合饲养标准。饲喂及时，供水充足，合理使用各种添加剂；更换饲料要逐渐过渡，避免突然更换对动物造成应激反应；垫料勤换勤晒，保持干燥，清除圈舍周围的杂草、粪堆、垃圾；不同季节，做好防寒、防暑、防湿工作；用具固定使用，饲养人员进入圈舍前要洗手、换鞋，杜绝除饲

图 3-9 做好日常预防工作

养员外人员进入圈舍；中大规模养殖场要做好饲养人员管理、培训和教育工作。

②坚持自繁自养：猪场内仔猪全部由场内的母猪繁育，并将仔猪培育成商品猪。自繁自养可以杜绝因频繁引入猪只而传入外来疫病。

③做好预防性消毒工作：做好舍内外的清洁卫生，定时清除粪便，保持舍内空气清新，地面、门窗、食具等要经常打扫、洗刷消毒；坚持严格消毒制度，饲槽、饮水器及猪舍地面、墙壁、运动场等应定期消毒。

④认真贯彻执行各项检疫工作，及时发现和消灭传染源。兽医行政管理机构要调查研究当地疫情分布情况，组织相邻地区对动物传染病联防协作，有计划地控制和防止外来疫病侵入。养殖场发现疫病及时诊断并逐级上报疫情。

⑤采取有效的预防和治疗措施：为预防某些疫病，在畜群的饲料、饮水中加入安全的兽药进行集体的预防，发病时采取对因、对症治疗。

3. 发生疫病时的扑灭措施 及时发现、及时诊断和上报疫情。病死畜和淘汰病畜无害化处理（图 3-10）。迅速隔离，严密消毒，必要时封锁疫区（图 3-11）。实行紧急接种，对病畜合理治疗。

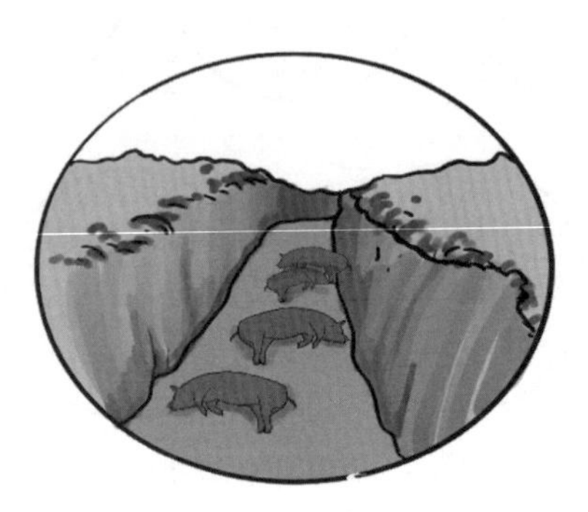

图 3-10　病畜无害化处理

图 3-11　封锁疫区

三、针对传播途径的防控措施

1. 隔离和封锁　将不同健康状态的动物严格分离、隔开，彻底切断它们之间来往接触，以防疫病的传播、蔓延。

①封锁：切断或限制疫区与周围地区一切自由的日常交通、交流或来往。当爆发某些重要传染病时，还应采取划区封

锁的措施，以防止疫病向安全区散播和健畜误入疫区而被传染。执行封锁时应掌握“早、快、严、小”的原则。

②解除封锁：疫区内最后一头患病动物扑杀或痊愈后，经过该病一个潜伏期以上的检测、观察未再出现患病动物时，经彻底清扫和终末消毒，由县级以上农牧部门检查合格后，经原发布封锁令的政府发布解除封锁令，并通报毗邻地区和有关部门。

2. 消毒　用化学、物理、生物的方法杀灭或消除环境中的致病微生物，达到无害化。消毒是传染病防治工作中的重要环节，是切断传染病传播途径有效措施之一，可以阻止和控制传染病的发生（图 3-12）。

外来车辆消毒　　畜舍消毒

图 3-12　疫情期间消毒

（1）消毒的分类

①预防性消毒：结合平时的饲养管理，对车辆、畜舍、场地、用具和饮水等进行消毒，以达到预防传染病的目的。

②随时性消毒：在发生传染病时，为了及时消灭刚从发病动物体内排出的病原体所采取的消毒措施。

③终末消毒：在患病动物解除隔离、痊愈或死亡后，在解除封锁之前，为了消灭疫区内可能残留的病原体所进行的全面彻底的大消毒。

（2）消毒的方法

①机械性清除：用清扫、洗刷、通风换气和清洗等方法灭杀病原体，是最普通、最常用的方法。

②物理消毒法：用阳光、紫外线、干燥、高温等方法灭杀病原体。高温又包括火焰烧灼、煮沸消毒、高压蒸汽消毒。

③化学消毒法：用化学消毒药品的溶液来喷洒、清洗消毒。

④生物热消毒法：主要用于污染的粪便、垃圾等废弃物的无害化处理。在粪便堆沤腐热过程中，利用粪便中的微生物发酵产热可以杀死病原体、寄生虫卵等，同时又保持了粪便的良好肥效。

（3）常用消毒方法（表 3-4）

表 3-4　常用消毒方法

消毒方式	具体操作方法	适用范围
喷洒	将配制好的消毒液直接用喷枪喷洒	生产圈舍、隔离舍等单栏消毒，养殖场地及圈舍周边、走道消毒
喷雾	用消毒机、背带式手动喷雾器喷雾	车辆、器物、动物表面消毒，动物伤口消毒，圈舍周边消毒
高压喷雾	专门机动高压喷雾器向圈舍空间喷雾（雾滴直径小于 0.1mm）	任何空间消毒，带体或空栏消毒
甲醛熏蒸	甲醛加高锰酸钾；甲醛器皿内加热	空栏熏蒸，器物熏蒸
普通熏蒸	冰醋酸、过氧乙酸等挥发	任何空间消毒，带猪消毒
涂刷	10%石灰乳用消毒机喷，或用大刷子涂刷于物体表面形成薄层	圈舍内墙壁、产床、地板表面

（续）

消毒方式	具体操作方法	适用范围
火焰	液化石油气或煤气加喷火头直接在物体表面缓慢扫过	耐高温材料、设备的消毒（铁产床及围栏、水泥地板等）
拖地	用加消毒液的拖把拖	产床、圈舍地板、更衣室、办公场所、饭堂、娱乐场所地面
紫外线	紫外线灯管直接照射（仅对能照射到的地方起作用）	更衣室、工具房
饮水消毒	向饮水桶或水塔中直接加入消毒药	发生疫情时饮水消毒，水线、水塔消毒
生物发酵	将有机质密封堆放发酵，利用生物热杀死病原体	动物粪便、尸体、病料、胎衣等

3. 杀虫　虻、蝇、蚊、蜱等节肢动物是多种家畜疫病的重要传播媒介。杀灭这些害虫，在预防和扑灭家畜传染病方面有重要的意义，有物理杀虫法、生物杀虫法、药物杀虫法（图3-13）。常用有机磷杀虫剂、拟除虫菊酯类杀虫剂；昆虫生长调节剂和驱避剂属于生物杀虫。

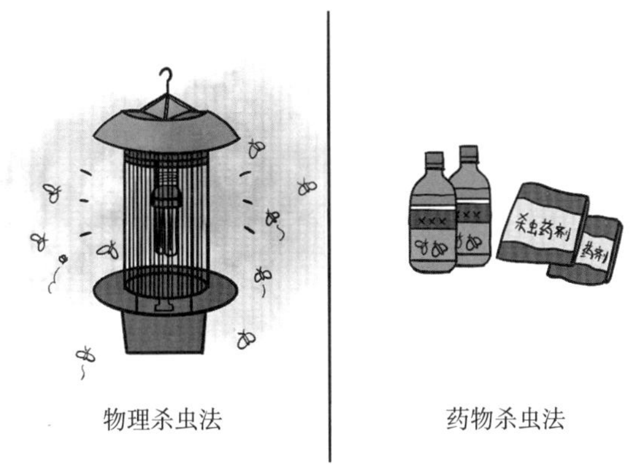

图 3-13　养殖场杀虫方法

4. 灭鼠　养殖场老鼠危害非常大，它们偷吃食物和饲料，每只老鼠每年可吃食物12千克，每年排25 000粒粪便，污损粮食饲料40千克；打洞破坏建筑物，给动物圈舍带来安全隐患；咬坏养殖场设备，咬死、咬伤畜禽，引起畜禽的应激危害；携带病原体传播，是一些重要疫病的传染源和主要传播途径。

通过化学药物毒害、机械控制（屏障法）、环境控制等来控制鼠害（图3-14）。

图3-14　养殖场灭鼠方法

（1）化学药物灭鼠方法

①鼠害调查：调查鼠害程度及老鼠活动区域，在投饵点（站）投放鼠药。

②投饵地点：鼠洞、墙根、墙洞、畜舍门口、仓库杂物堆积且鼠粪多的地方、食堂门口、鼠道。

③投饵方式：直接投放或使用投饵箱。

④初次用量：每50米^{2}投放50～100克。

⑤补充毒饵：从投饵的第二天起每天检查并补充毒饵，原则上是被老鼠吃多少则补充多少；如发现已全部被吃光的投饵点，则增加1倍补充；投饵后连续3天没被吃，则迁移投饵地点。7～10天为一个周期。

⑥清理死鼠：每天及时将地面死鼠清除，同时注意清理鼠洞中死亡老鼠。

（2）机械控制（屏障法）：设置障碍物，阻止老鼠打洞，如加地沟网、防鼠门，最好做到整栋房屋防鼠；使用有诱饵的鼠夹和捕鼠器。

（3）环境控制：避免圈舍内有吸引老鼠的食物；缩小圈舍门窗缝隙；建议养殖舍周围地面硬化或铺设碎石，及时将破损地方修补；养殖场规划设计科学。

5. 检疫 通过动物检疫，对疑似发病对象实行强制隔离，并作出适当处理，防止传播疫病，保证家畜和人员健康（图3-15），分为进出口检疫和国内检疫。

图 3-15 动物产地检疫

①进出口检疫指进口或出口的家畜及其产品以及观赏动物和野生动物等在到达国境界域时所进行的检疫。

②国内检疫指在国内各省、市、县或乡镇地区实行的检疫，又可分为产地检疫和运输检疫。

我国动物检疫法规定：凡是在国内交易、饲养、屠宰和进出我国国境和过境的贸易性、非贸易性的动物、动物产品及其运载工具，均属于动物检疫的范围。

四、针对易感动物的防控措施

1. 免疫接种 指用人工方法将有效疫苗引入动物体内使其产生特异性免疫力，由易感变为不易感的一种疫病预防措施。有组织有计划地进行免疫接种，是预防和控制动物传染病的重要措施之一。根据免疫接种进行的时机不同，可分为预防接种和紧急接种两大类。

①预防接种：在经常发生传染病或传染病潜在的地区，或受某些传染病经常威胁的地区，有计划地给健康畜群进行免疫接种。

②紧急接种：在发生传染病时，为了迅速控制和扑灭疫病，而对疫区和受威胁区尚未发病的畜禽进行的应急性免疫接种。

2. 预防性生物制品 生物制品主要是疫苗，其次是菌苗、虫苗和类毒素。疫苗是指具有良好免疫原性的病原微生物经繁殖和处理后，接种动物能产生相应的免疫力的制品。

（1）疫苗的分类

①根据病原不同，分为细菌疫苗、病毒疫苗、寄生虫疫苗。

②根据制作工艺不同，分为传统疫苗（灭活死疫苗、弱毒活疫苗）和新型疫苗（基因工程亚单位疫苗、合成肽疫苗、基因工程活载体疫苗、基因工程缺失弱毒苗等）。

（2）疫苗的保存和运输：疫苗应低温保存和运输，但不同种类的疫苗所需的最佳温度不同。冻干苗、弱毒苗需要0～－20℃；油乳剂和灭活苗需要4～8℃，马立克氏病疫苗应在液氮中保存（图3-16）。不同种类、血清型、毒株和有效期的疫苗应分开保存，先用有效期短的，后用有效期长的。运输要求低温运送，包装完好，防止瓶子破裂散失。保存和运输注意避免高温和直射阳光，有专人保管，并造册登记。疫苗存放处要清洁卫生，以免疫苗被污染。

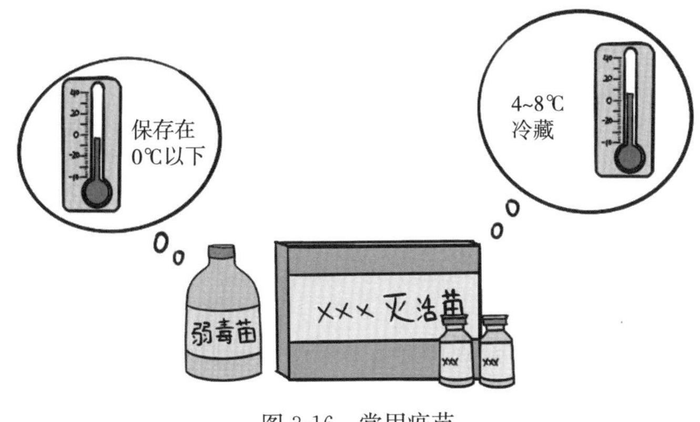

图 3-16　常用疫苗

3. 免疫程序　一个地区可能发生的传染病不止一种，因此需用多种疫苗来预防，也需要根据各种疫苗的免疫特性来制订合理的预防接种的次数和间隔时间。不同地区及养殖场，免疫程序也不尽相同。

制定免疫程序需要考虑的因素：当地疫病的流行情况及严重程度；母源抗体水平；上次接种后存余抗体的水平；动物的免疫应答能力；疫苗的种类、特性、免疫期；免疫接种方法；各种疫苗接种的配合；免疫对动物健康及生产能力的影响等。

4. 疫苗免疫失败原因分析　引起免疫失败的主要原因是疫苗因素和人为因素两大类。

（1）疫苗因素：质量差，目前市场上的疫苗鱼龙混杂，生产企业较多，不同厂家不同批次的疫苗质量存在很大差异。如果疫苗保存运输和使用过程中温度把控不到位，也可使得疫苗失去活性。

（2）人为因素

①免疫接种程序不合理。养殖户没有合理免疫程序或没有严格按免疫程序接种；不能很好掌握母源抗体水平对幼龄动物

的影响或出现严重的免疫空白期，给多种致病源的传播流行提供条件从而造成免疫失败。

②多种疫苗同时使用。使用者不清楚不同疫苗的性状和性质，灭活疫苗与活疫苗的同时使用或多种活疫苗联合使用，疫苗之间的接种间隔太短等均可使疫苗不能发挥正常作用。

③疫苗免疫接种不当。不同的疫苗有着不同的免疫接种方法，选择方法错误；免疫剂量不准确，或多或少；注射部位掌握不准确；接种过程中有的注射过深或过浅、打飞针现象等都会造成免疫失败。

④饲养管理不到位。养殖户发展计划盲目，如扩大养殖规模，养殖环境卫生较差，动物的身体抵抗能低，处于亚健康状态；饲料搭配不科学，营养不均衡等。

⑤喂霉变饲料。动物采食了被黄曲霉毒素污染的饲料，引起以全身出血、消化道功能紊乱、腹腔积液、神经症状等为临诊特征的慢性中毒，机体处于疾病状况，影响抗体的形成（图 3-17）。

图 3-17　霉变饲料慢性中毒

⑥长期使用抗生素和饲料添加剂，造成机体抗病能力显著下降，各种免疫抑制性疾病降低了机体的免疫功能，造成免疫效果下降。

避免疫苗免疫失败首先要保证疫苗的质量，其次人员接种操作技术要准确和合理，只有发挥疫苗免疫特效，诱导机体产生更多抗体，抵御各种病原微生物的侵入，才能降低各种传染性疾病的发病率，控制传染性疾病的发生。

5. 病毒性和细菌性传染病的预防治疗

（1）兽药预防的弊端：与疫苗相比，兽药发挥作用的时间短，也不像疫苗那样免疫一次可维持效力很长时间，兽药停止使用后其作用很快消失，因此必须准备随时使用。

长期使用抗生素类兽药，容易产生耐药菌株，影响防治效果和产业健康发展。兽药预防可能造成药物中毒和动物性产品中兽药残留，影响产品质量。兽药预防和免疫接种有矛盾，部分兽药有免疫抑制和影响疫苗效果的作用。一般兽药对病毒和胞内寄生菌无效。

（2）科学实施兽药预防的原则和方法：尽量选择广谱抗微生物药。严格掌握药物的种类、剂量和用法。掌握好用药时间和时机，做到定期、间断和灵活用药。定期更换，配伍合理。拌料、饮水给药应混合均匀。

（3）药物治疗

①对症疗法：减轻或消除症状，包括退热、止痛、镇静、强心、改善微循环等。使患畜度过危险期，以便机体免疫功能及对因疗法得以发挥其清除病原体作用，促进和保证康复。

②对因疗法：针对病原体制定科学治疗方案，达到根治和控制传染源的目的。针对细菌的药物主要为抗生素类药物；抗病毒药物主要是一些提高免疫力和抗病毒的中药提取物；免疫血清主要有抗毒素、干扰素和干扰素诱导剂等，但容易引起过敏反应。

第三节　动物寄生虫病的预防与控制

一、预防措施

坚持“预防为主”的方针，采取综合性防治措施，改善环境卫生、加强饲养管理、提高防范意识、改变卫生习惯、预防诱发因素。

1. 提高防治认识 预防疾病不能只重视传染性疾病，还要做好寄生虫病防治，特别是加强人畜共患和危害严重的寄生虫病防治工作。如鸡球虫病，如果养殖场认识不足，防治不及时，同样造成批量死亡。

2. 消灭传染源 定期进行预防性驱虫是控制和消灭传染源的重要措施，按照寄生虫病的发病规律和流行特点，有计划按步骤用药物驱除或杀灭寄生虫。

（1）正确选择药物：驱虫药物的选择很关键，目前市场上动物驱虫药物种类繁多，要选择高效、低毒、广谱、价低、使用方便的药物。个别寄生虫病需要特定驱虫药物。

（2）确定驱虫时间：选择在寄生虫性成熟前驱虫，防止性成熟的成虫排出虫卵或幼虫，造成外界环境污染。在秋冬季驱虫，有利于保护动物安全过冬，因冬季寒冷，不利于虫卵和幼虫发育，减少对环境污染。

（3）固定驱虫场所：选择在隔离的场所进行驱虫，主要便于对动物宿主排出的虫卵或幼虫集中处理。

（4）正确使用药物：在给动物驱虫时一定要认真阅读使用说明书，熟悉药物属性和适应证，严格按照说明书上规定的剂量和使用方法使用，不可随意增加剂量。

（5）严格技术操作规程：必须有技术人员按照程序步骤给药，不懂药物属性和驱虫程序技术的其他人员不能从事驱虫工作。

3. 切断传播途径 寄生虫病发生流行要经过从虫卵、幼虫、成虫到宿主体内的过程，切断传播途径是预防控制寄生虫病发生很重要的措施之一。

（1）生物发酵法：通过粪便堆积发酵或沼气池发酵，利用生物热杀灭粪污中的寄生虫、虫卵、幼虫，防止病原体随粪便散播。

（2）物理消除法：要保持良好的环境卫生，坚持每天打扫厩舍，清除粪便，减少宿主与寄生虫、幼虫、虫卵、中间宿主、传播媒介接触机会，同时注意防止饲料、饮水被污染，动物厩舍要保持清洁干燥，空气畅通，光照充足，最好做成水泥地面，不给寄生虫及中间宿主创造滋生环境。

（3）化学杀灭法（药物法）：使用药物喷洒动物厩舍、活动场地及用具等。喷洒药物要按时进行。

（4）加强肉品检验：经肉品传播的寄生虫病，特别是肉源性人畜共患病，如旋毛虫病、囊虫病等，应加强卫生检验。对检出含有寄生虫的肉品按照规定进行无害化处理，对承载肉品的器械、车辆必须严格清洗消毒。

4. 保护易感动物 幼畜大多缺乏先天的特异性免疫力，易感染寄生虫，因此应采取必要的保护措施。

（1）饮水卫生安全：动物养殖场要远离潮湿的环境，如浅水沟、沼泽地等，特别是放牧动物群，要防止动物到处饮水。舍饲动物饮水要保持清洁卫生达标。

（2）加强饲养管理：要提高动物抵御寄生虫侵袭的抵抗力，必须加强饲养管理，给动物全价营养平衡的优质饲料，适当增强运动。每天对畜体进行刷拭，保证畜体干净无粪便，无污物。

二、驱虫药的使用

1. 驱虫药 能将肠内寄生虫杀死或驱出体外的药物。肠内寄生虫（蛔虫、绦虫、钩虫、蛲虫等）所引起的疾患，临诊常见腹痛、腹胀、厌食或善饥多食、消瘦等。采集动物粪便检测，根据结果判断寄生虫的种类，因虫施治。

2. 使用注意事项 驱虫药可麻痹或杀死虫体，常配伍泻下药服用，使虫排出体外。驱虫时，一般在空腹时服药，以便药物与虫体易于接触，更好地发挥驱虫效果。对于体虚患者，应先补后攻，或攻补兼施。部分驱虫药毒性较大，孕畜慎用。

3. 驱虫方法及时间

（1）驱虫方法：根据驱虫剂的使用说明来选择外用还是内服，严格控制用量。内服在前一天晚上停止喂食，大动物尽量逐头进行，规模养殖场可将药物与饲料混拌后一次饲用（图 3-18）。外用要注意注射和涂抹位置，使用后绝不可让动物舔食。

（2）驱虫时间：定期驱虫，春秋两季为寄生虫活动高峰期，是驱虫的最佳季节（图 3-19）。

图 3-18　驱虫方法（药浴）

选择在配种和分娩前进行，母畜受孕期尽量不要驱虫；幼畜在出生后两个月左右分圈前进行驱虫；新引动物先隔离驱虫后方可合群。

4. 驱虫药物选择

①要选用范围广、疗效高、毒性低的药物进行驱虫。

②寄生虫多为混合感染，选择两种以上驱虫药配合或交替使用可提高驱虫效果。

图 3-19　驱虫时间

③驱虫药物对动物有一定的毒害作用，使用时既要防止剂量过大造成药物中毒，又要达到驱虫效果。可以先做小范围试验掌握剂量，如果一天内无异常再扩大驱虫规模。

④寄生虫具有一定生长周期，在第一次使用驱虫药物后，间隔 7～14 天再进行第二次驱虫，可有效驱虫。

5. 驱虫后管理　驱虫后要及时清理掉圈舍内的排泄物，将其进行深埋或堆积发酵处理。对圈舍和被污染的环境、器具采用喷洒敌百虫、除虫菊酯、双甲脒、生石灰等进行杀虫，杀死残留寄生虫，避免再次感染（图 3-20）。

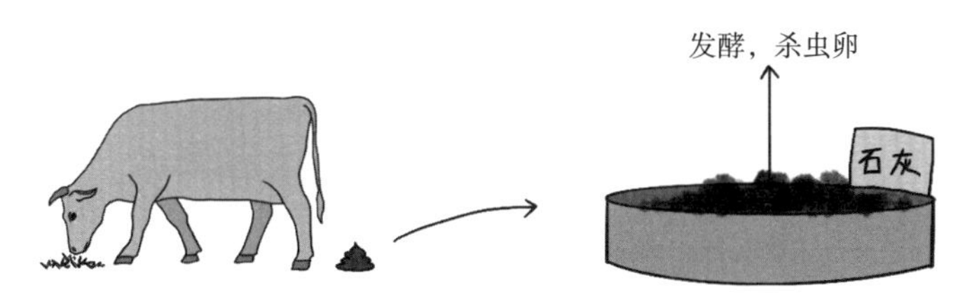

图 3-20　驱虫后粪污管理

第四节　动物内科疾病的诊断与治疗

畜禽由非传染性因素引起机体多器官、多系统的综合性临床疾病，包括消化、呼吸、泌尿、神经、肌肉、骨骼等系统以及营养代谢、中毒、遗传、免疫、幼畜疾病等。其病因和表现多种多样。临床常见内科疾病有：

消化系统疾病：包括口腔、食管、胃、小肠、大肠、肝、胆、胰腺等疾病，如口炎、食管阻塞、胃肠炎、瘤胃鼓气、前胃弛缓、瘤胃积食、瘤胃鼓气。

呼吸系统疾病：包括呼吸道（鼻、咽、喉、气管、支气管）和肺等疾病，如支气管炎、肺炎、肺充血、肺气肿。

代谢性疾病：如奶牛酮病、仔猪营养性贫血。

其他疾病：如毒物中毒、佝偻病、软骨病、尿结石、痛风等。

一、胃肠炎

1. 概述　胃肠黏膜及深层组织的出血性、纤维素性、坏死性炎症。

2. 临床症状　表现为严重的胃肠机能障碍、脱水、自体中毒和明显的全身症状（图 3-21）。本病是畜禽的常见疾病，以马最为多见，其次是牛、猪。

3. 诊断要点　患病动物精神沉郁、食欲减退或废绝，饮水废绝、舌苔厚、口干臭、四肢末梢凉；排泄物恶臭，粪稀或呈水样，或混有血液、黏液、坏死组织；猪初期有呕吐。若口臭显著，食欲废绝，怀疑病在胃；初期便秘伴有腹痛，腹泻较晚，怀疑病在小肠；若脱水迅速，腹泻较早，里急后重，主要病变在大肠。

4. 治疗原则　除去病因、消除炎症、清理胃肠，止泻，

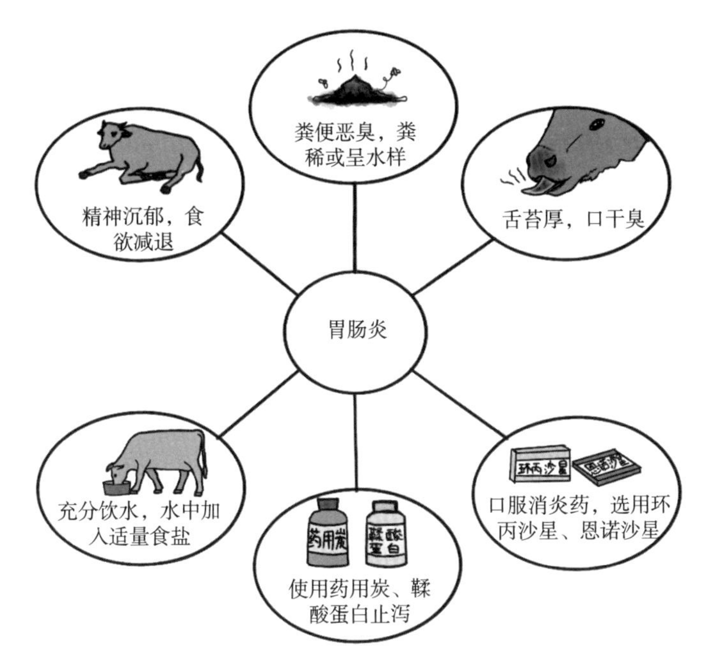

图 3-21　胃肠炎主要状及治疗

保护胃肠黏膜，制止发酵，防止酸中毒和脱水，强心、补液等。

5. 治疗方法

（1）限制采食，给予充分饮水，水中可适当加入食盐和葡萄糖。

（2）清理胃肠：疾病早期粪便恶臭，口服硫酸镁或硫酸钠可防止自体中毒。

（3）止泻：使用药用炭、鞣酸蛋白等。

（4）消炎、补液、强心：大动物用庆大霉素一次量 2～4 毫克/千克体重、5%糖盐水 4 000～10 000 毫升和 10%安钠咖 20 毫升静脉注射；小动物用庆大霉素一次量 2～4 毫克/千克体重、5%糖盐水500毫升和15%的氯化钾10毫升静脉注射。口服抗菌药，选用环丙沙星、恩诺沙星等，注意休药期。

（5）纠正酸中毒：大动物用5%碳酸氢钠250～500毫升。

二、前胃弛缓

1. 概述 反刍动物瘤胃兴奋性降低和收缩力减弱所引起的消化功能紊乱。本病多见于圈舍饲养的奶牛（图3-22）。

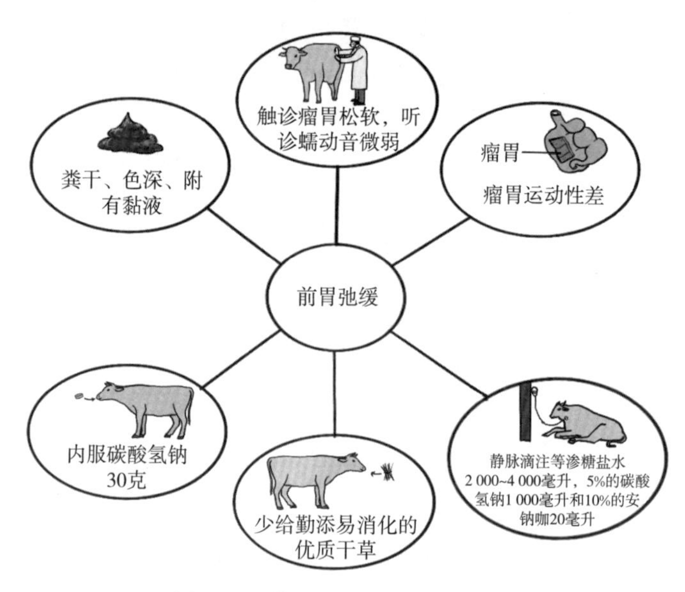

图3-22 前胃弛缓主要症状及治疗

2. 临床症状 发症急、初期饮欲减少，反刍和嗳气减少或丧失，嗳气酸臭，口色淡白，舌苔黄白，磨牙，排稀粪，粪中混有消化不全的饲料。病畜逐渐消瘦，全身无力，被毛蓬乱，皮肤干燥无弹性，起立困难，卧地不起，左肷部轻度臌气，口腔有恶臭气体，便秘和腹泻交替进行，严重者呈现贫血和衰竭现象，甚至造成死亡。

3. 诊断要点

①草料、饮水突然减少，反刍减少或停止，粪干、色深、附有黏液。

②触诊瘤胃松软，蠕动力量减弱、次数减少、持续时间短，听诊蠕动音微弱。

③瘤胃内纤毛虫的数量减少，而且运动性也差。

4. 治疗原则 补脾益胃，消食理气。

5. 预防 加强饲养管理，防止过食易于发酵的草料，饲喂是先干草再放牧青草，合理使役，及时治疗原发病。

6. 治疗方法

①提高瘤胃内的 pH：内服碳酸氢钠 30 克，提高纤毛虫的活力。

②兴奋瘤胃机能：卡巴胆碱 2 毫克或新斯的明 20～60 毫克或毛果芸香碱 40 毫克皮下注射，隔 3 小时再重复 1 次；或 10%的氯化钠 300 毫升、10%的氯化钙 100 毫升和 10%的安钠咖 20 毫升静脉注射，每天 1 次，连用 2 天。

③防腐止酵：鱼石脂 15 克，酒精 100 毫升，常水 1 000 毫升，混合一次内服，每天 1 次，连用 2～3 天。

④防止脱水和自体中毒：静脉滴注等渗糖盐水 2 000～4 000毫升，5%的碳酸氢钠 1 000 毫升和 10%的安钠咖 20 毫升。

三、瘤胃积食

1. 概述 反刍动物瘤胃内聚积、滞留过量的食物，致使瘤胃体积增大，胃壁扩张、运动机能紊乱（图 3-23）。

2. 临床症状 本病以圈舍饲养奶牛多见，病牛可见食欲消失，采食、反刍、嗳气停止，鼻镜干燥，拱背，后肢踢腹，磨牙，呻吟，起卧不安，眼球突出；瘤胃蠕动减弱或消失；左腹中下部增大，触诊呈团样，叩诊呈浊音，上部有气体；软粪

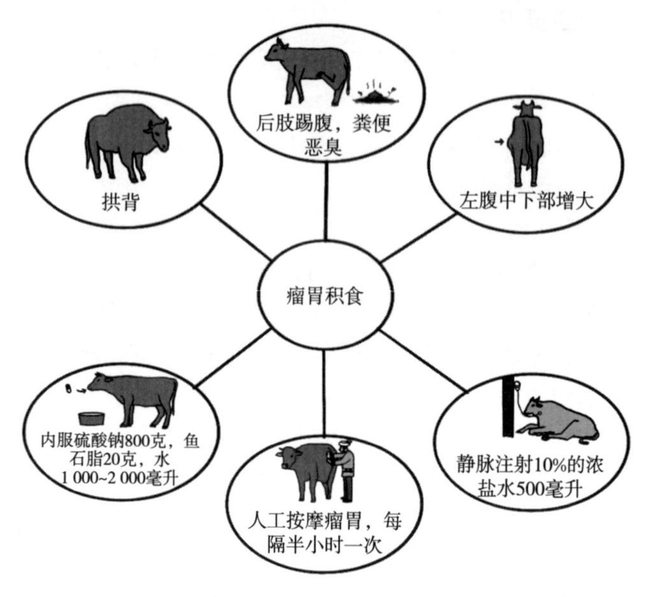

图 3-23　瘤胃积食及治疗

或腹泻，粪呈黑色恶臭，严重时带血及未消化饲料；呼吸急促，呼吸音粗；心率加快。

3. 诊断要点

①有采食过多的病史。

②腹围增大，左侧瘤胃上部饱满，中下部向外突出。

③腹痛，按压瘤胃内容物充满，且留指压痕。

④瘤胃蠕动力量减弱，蠕动次数减少。

4. 治疗原则　排除瘤胃内容物，制止发酵，防止自体中毒和提高瘤胃兴奋性。

5. 治疗方法

（1）排出内容物和止酵：一次内服硫酸钠 800 克，鱼石脂 20 克，饮用水 1 000～2 000 毫升；也可液状石蜡 1 000 毫升或食用植物油 1 000 毫升，一次内服。

（2）提高瘤胃的兴奋性：用酒石酸锑钾 8～10 克，溶于

2 000毫升的水中，每天一次内服；或静脉注射 10%的浓盐水 500 毫升；或人工按摩瘤胃（轻症）5～10 分钟/次，每隔 30 分钟一次，同时灌服温水，硫酸镁或硫酸钠 400～800 克加水内服，或液状石蜡或植物油 1 000～1 500 毫升内服。

（3）维持酸碱平衡：用 5%碳酸氢钠 250～500 毫升。

（4）顽固性瘤胃积食；上述保守疗法无效时，行瘤胃切开术，取出瘤胃内容物以后，适量放入健康牛的瘤胃液，能起到良好的效果。

四、瘤胃臌气

1. 概述　反刍动物采集过量易于发酵的鲜嫩多汁青绿饲料，如紫云英、苜蓿、萝卜、马铃薯叶、绿豆、黄豆等，瘤胃内容物急剧发酵产气，致使胃壁急剧扩大（图 3-24）。

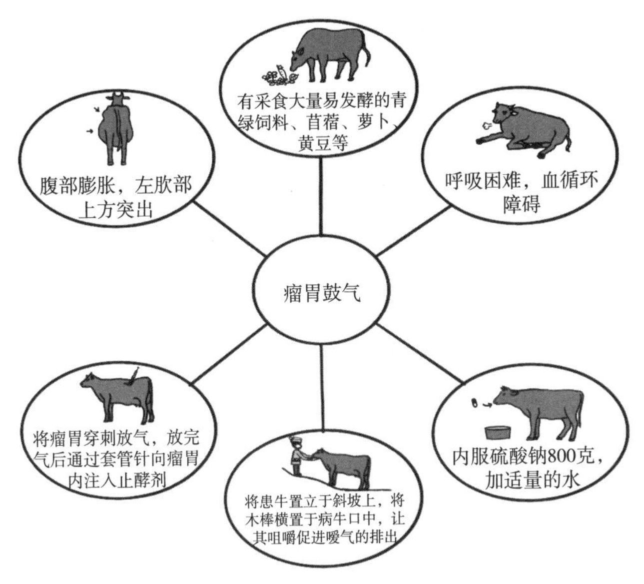

图 3-24　瘤胃臌气主要症状及治疗

2. 临床症状 反刍动物采食不久后发病，弓腰举尾，腹部膨大，烦躁不安，采食、反刍停止，左腹部突出，叩之如鼓，气促喘粗，张口伸舌，左腹部迅速胀大，摇尾踢腹，听诊瘤胃蠕动音消失或减弱。

3. 诊断要点

①有采食大量易发酵饲料的经历。

②腹部膨胀、左肷部上方凸出，触诊腹部紧张而有弹性，不留指压痕，叩诊呈鼓音。

③瘤胃蠕动先强后弱，最后消失。

④体温正常，呼吸困难，血液循环障碍。

4. 治疗原则 排气减压，制止发酵，除去胃内有害内容物，恢复瘤胃的正常生理功能。

5. 治疗方法

①急性瘤胃臌气：先行瘤胃穿刺放气排气减压，用消毒套管针或 16 号或 18 号针头对准对侧肘头方向刺入瘤胃，拔出针芯，进行间断性地放气。放完气后可通过套管针向瘤胃内直接注入止酵剂（图 3-25）。

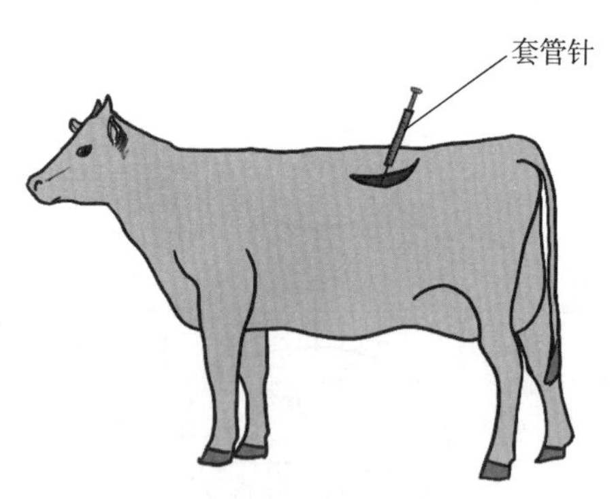

图 3-25 瘤胃臌气穿刺排气

②轻度臌气：可将患牛置立于前高后低的斜坡上，按摩瘤胃或将涂于松节油的木棒横置于病牛口中，让其不断

咀嚼，促进嗳气的排出（图 3-26）。或用消气灵 10 毫升×3 瓶，液状石蜡 500 毫升×1 瓶，加水 1 000 毫升，灌服。

图 3-26　轻微瘤胃臌气排气

③对症治疗

缓泻止酵：乳酸 20 毫升，加水 1 000 毫升；10%的鱼石脂酒精 150 毫升，加水 1 000 毫升内服。内服硫酸钠 800 克，加适量的水；也可口服 1 000～2 000 毫升的液状石蜡。

抑制瘤胃内容物发酵：内服防腐止酵药，如鱼石脂 20～30 克、福尔马林 10～15 毫升、1%克辽林 20～30 毫升加水配为 1%～2%溶液，内服。

促进嗳气，恢复瘤胃功能：向舌部涂布食盐、黄酱或将一木棍衔于口内，促使其呕吐或嗳气；静脉注射 10%氯化钠 500 毫升，加 10%安钠咖 20 毫升；灌喂植物油：大牛 750～1 000 毫升，小牛减半；灌喂矿物油：大牛 200～300 毫升，小牛减半。植物油灌下后 20～30 分钟即可消胀，矿物油 15～20 分钟即消胀，消胀后要停食一餐。

对妊娠后期或分娩后或高产病牛，可 1 次静脉注射 10%葡萄糖酸钙 500 毫升。

五、小叶性肺炎

1. 概述　又称为支气管肺炎或卡他性肺炎，是由病原微生物引起的以细支气管为中心的个别肺小叶或某几个肺小叶的炎症。

2. 临床症状　病初精神沉郁，食欲减少或废绝，口渴增剧，前胃迟缓，泌乳量减少。初期鼻液较多。病畜体温一般较高 39.5～41.0℃，呈弛张热型，脉搏随着体温的变化而改变。咳嗽、呼吸次数增多，叩诊有散在的局灶性浊音区，听诊有捻发音。通常在肺泡内充满血浆、上皮细胞和白细胞，所以也称为卡他性肺炎（图 3-27）。容易发生并发症而出现呼吸衰竭，心力衰竭，肺、胸脓肿，支气管扩张症等。

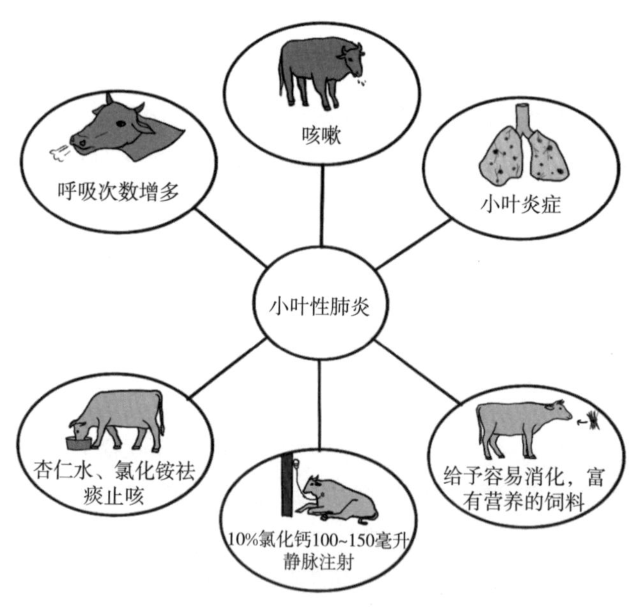

图 3-27　小叶性肺炎主要症状及治疗

3. 诊断要点　根据咳嗽、弛张热型、叩诊浊音、听诊捻发音及啰音等典型症状，结合血液学和X射线检查，即可诊断。

4. 治疗原则 加强护理，祛痰止咳，抗菌消炎，制止渗出和促进吸收，对症治疗。

5. 治疗方法

①护理：保持圈舍光线充足温暖，如大动物卧地不起时，可用滑轮将其吊起，每天2～3次，每次1小时左右；给予容易消化、富有营养的饲料；可用苦味酊、蛋白酶、稀盐酸促进食欲和消化。

②对症消炎：使用磺胺嘧啶、壮观霉素、丁胺那卡霉素、氨苄西林、诺氟沙星（氟哌酸）、环丙沙星静脉注射或肌内注射或气管内注射；体温过高可用安乃近、布洛芬、氨基比林注射；适当的补液，纠正水和电解质的平衡；全身毒血症者要静脉注射氢化可的松或地塞米松等糖皮质激素。

③祛痰止咳：灌服杏仁水、氯化铵。

④制止渗出：10%氯化钙100～150毫升静脉注射。

⑤促进吸收：可用利尿剂、安钠咖、水杨酸钠、乌洛托品。

⑥静脉注射给药：过氧化氢与25%葡萄糖或复方氯化钠1∶3，马骡1 000～1 500毫升/次，1～2次/天。

⑦中药疗法：麻杏石甘汤灌服。牛马剂量：麻黄15克、杏仁8克、生石膏90克、金银花30克、连翘30克、黄芩25克、知母25克、生地25克、麦冬25克、花粉25克、桔梗21克，粉碎成粉末，蜂蜜250克为引，开水冲服。

六、大叶性肺炎

1. 概述 多个肺叶或整个肺发生以纤维蛋白渗出为主的急性炎症，又称为纤维素性肺炎。

2. 临床症状 发病动物体温升高、稽留热（指体温维持在40℃以上达数天或数周，24小时内体温波动不超过1℃）、铁锈色鼻液和肺部的广泛浊音区。多发生于马、牛、猪、羔羊，犬、猫也发生（图3-28）。

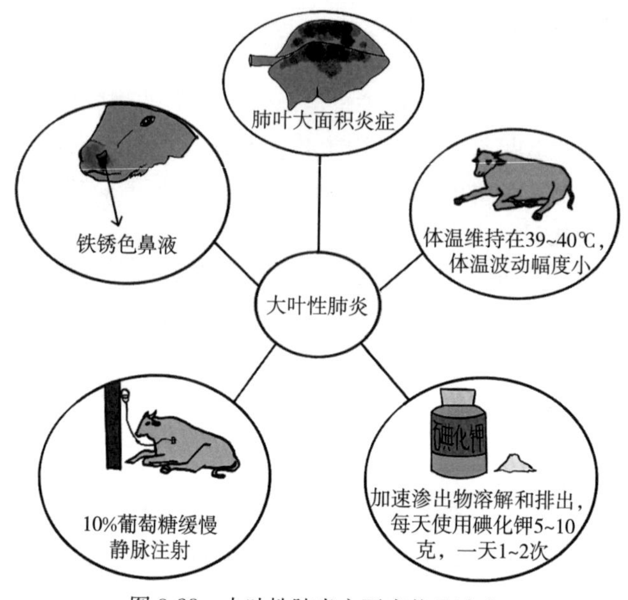

图3-28　大叶性肺炎主要症状及治疗

3. 诊断要点　根据铁锈色的鼻液，高热稽留，不同时期叩诊和听诊的变化，加上血液和X射线的检查，可以诊断。

4. 治疗原则　消炎止咳，制止渗出，促进吸收，重症辅以强心补液。但因本病发展迅速，病情急重，在选用抗菌消炎药时要特别慎重，不要轻易换药，有条件的应做药敏试验。

5. 治疗方法

（1）消炎补液：用大剂量抗菌药，如磺胺类、氨苄西林、丁胺卡那霉素、诺氟沙星、环丙沙星、恩诺沙星等（用量参照说明书），加10％葡萄糖注射液，缓慢静脉注射；青霉素80万单位和0.25％普鲁卡因20～40毫升，一次气管内注射。

(2) 预防脓毒血症：可用乌洛托品与葡萄糖混合静脉注射。

(3) 强心、纠正酸碱平衡：使用安钠咖、碳酸氢钠。

(4) 加速渗出物溶解和排出：碘化钾 5～10 克/次、1～2 次/天。

(5) 由于过敏因素在本病的发展过程中具有一定作用，可使用地塞米松等激素类药物辅助治疗。

七、中毒

1. 概述　由于毒物引起的家畜生理状态失调而产生的病理改变及病态（图 3-29）。中毒分为有毒植物中毒、农药中毒、药物中毒、有毒气体中毒、真菌毒素中毒等（图 3-30）。

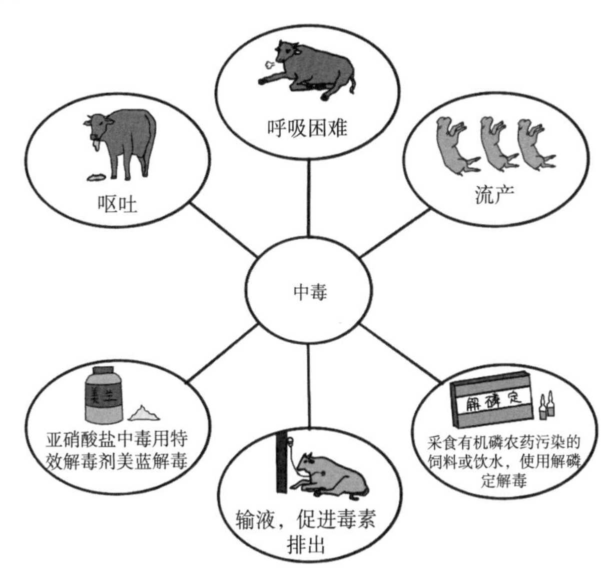

图 3-29　中毒的主要症状及治疗

图 3-30 常见中毒的种类

2. 临床症状和诊断要点 中毒临床表现复杂多样，病情变化快，其症状和体征取决于各种毒物的毒理作用和机体的反应。临床上常根据机体各系统中毒症状来判断毒物种类。

（1）急性中毒：毒物短时间内经皮肤、黏膜、呼吸道、消化道等途径进入机体并发生器官功能障碍。起病急骤，症状严重，病情变化迅速，不及时治疗常危及生命，须尽快作出诊断并进行急救处理。

①皮肤黏膜。皮肤及口腔黏膜灼伤，见于强酸、强碱、甲醛、苯酚、甲酚皂溶液等腐蚀性毒物。硝酸可使皮肤黏膜痂皮呈黄色，盐酸痂皮呈棕色，硫酸痂皮呈黑色。

发绀：毒物引起氧合血红蛋白不足产生发绀。见于麻醉药、有机溶剂抑制呼吸中枢、刺激性气体引起肺水肿等，可产生发绀。亚硝酸盐和苯胺、硝基苯等中毒能产生高铁血红蛋白血症。

黄疸：四氯化碳、毒蕈、鱼胆等中毒损害肝脏可致黄疸。

眼睛：瞳孔扩大，见于抗胆碱药（如阿托品、莨菪碱类）中毒；瞳孔缩小，见于有机磷农药、氨基甲酸酯类杀虫药、阿片类药物、毒扁豆碱、毛果芸香碱、巴比妥、氯丙嗪等中毒；视力障碍，甲醇、硫化氢、肉毒素中毒等。

②神经系统。出现昏迷，见于麻醉药、安定药等中毒，有机溶剂中毒，窒息性毒物（一氧化碳、硫化氢、氰化物等）中

毒，高铁血红蛋白生成性毒物中毒，农药（有机磷杀虫药、有机汞杀虫药、拟除虫菊酯杀虫药、溴甲烷等）中毒。有以下表现：

兴奋或抑制：多种形式的肌肉痉挛、震颤以及视觉、触觉异常（有机磷或亚硝酸盐初期）。

肌纤维颤动：见于有机磷杀虫药和氨基甲酸酯杀虫药中毒。

惊厥：见于窒息性毒物中毒、有机氯杀虫药、拟除虫菊酯类杀虫药中毒以及异烟肼中毒。

瘫痪：见于可溶性钡盐、三氧化二砷、磷酸三邻甲苯酯、正己烷、蛇毒等中毒。

精神失常：见于四乙铅、二硫化碳、一氧化碳、有机溶剂、乙醇、阿托品、抗组胺药中毒等。

③呼吸系统

呼吸气味：有机溶剂挥发性强，有特殊气味。氰化物有苦杏仁味；有机磷杀虫药、黄磷、金属铊等有蒜味；苯酚和甲酚皂溶液有苯酚味。

呼吸不畅：咳嗽和流鼻液、呼吸时出现较大的噪声、严重出现窒息死亡，见于一氧化碳、有机磷、安妥中毒。

呼吸加快：引起酸中毒（如水杨酸类、甲醇等）可兴奋呼吸中枢，使呼吸加快。刺激性气体引起脑水肿时呼吸也加快。

呼吸减慢：见于催眠药和吗啡中毒，也见于中毒性脑水肿。呼吸中枢过度抑制可导致呼吸麻痹而死亡。

肺水肿：见于刺激性气体（如安妥、磷化锌、有机磷杀虫药、百草枯等）中毒。

④循环系统

心律失常：见于洋地黄、夹竹桃、肾上腺素药、乌头、氨茶碱等中毒。

心脏骤停：见于洋地黄、奎尼丁、氨茶碱、依米丁（吐根碱）等中毒。

低钾血症：见于可溶性钡盐、棉酚、排钾性利尿剂等中毒。

休克：剧烈吐泻导致血容量减少发生休克，见于三氧化二砷、巴比妥类、依米丁、锑、砷等中毒。

⑤泌尿系统

急性肾衰竭：出现少尿甚至无尿。见于汞、四氯化碳、头孢菌素类、氨基糖苷类抗生素、毒蕈、蛇毒等中毒。

肾缺血：产生休克的毒物可导致肾缺血，表现为尿频或无尿、肾衰、水肿，见于栎树中毒。

肾小管堵塞：砷化氢中毒或长期应用磺胺类药物形成结晶可导致肾小管堵塞。

⑥血液系统

溶血性贫血：中毒后红细胞破坏加速，量多时发生贫血和黄疸，见于砷化氢、苯胺、硝基苯等。贫血（镉、铜、铅）、溶血（棉饼中毒）、高铁血红蛋白（亚硝酸铁）、出血、黏膜发绀。

白细胞减少和再生障碍性贫血：见于氯霉素、抗肿瘤药、苯等中毒。

出血：见于阿司匹林、氯霉素、氢氯噻嗪等引起；血液凝固障碍，由肝素、香豆素类、水杨酸类、敌鼠、蛇毒等引起。

⑦消化系统

呕吐：见于有机磷农药、毒蕈、毒扁豆碱、洋地黄、重金属等中毒。

腹痛：见于腐蚀性毒物（如铅、砷、钡等重金属、有机磷农药、毒蕈、百草枯等）中毒。

呕血或黑便：见于腐蚀性毒物、水杨酸、抗凝剂等中毒。

肝脏损害：见于毒蕈、四氯化碳、对乙酰氨基酚、抗结核药、砷、汞、硝基苯、某些抗生素等中毒。表现为黄疸、腹水、肝昏迷（一氧化碳、氰化物、黄曲霉毒素中毒）。

（2）慢性中毒：长期接触较小剂量的毒物，可引起慢性中毒。慢性中毒多见于饲料中毒和地方病。

①神经系统

呆板：见于四乙铅、一氧化碳等中毒。

震颤麻痹综合征：见于锰、一氧化碳、吩噻嗪等中毒。

周围神经病：见于铅、砷、铊、二硫化碳、有机磷杀虫药等中毒。

②消化系统：（中毒性肝病）见于砷、四氯化碳、三硝基甲苯、氯乙烯等中毒。

③泌尿系统：（中毒性肾病）见于镉、汞、铅等中毒。

④血液系统：白细胞减少和再生障碍性贫血，见于苯、三硝基甲苯等中毒。

⑤骨骼系统：氟可引起氟骨症，黄磷可引起下颌骨坏死。

（3）其他原因中毒

①细菌性食物中毒：主要表现为腹痛、腹泻，也可脓血便或血性腹泻。

②有毒植物中毒：误食苍耳子、曼陀罗、杏仁、白果、毒蕈、未经煮熟的木薯、发芽马铃薯等。因毒素不同，临床表现各异，但起病时多有急性胃肠炎的症状。临床分四型：胃肠炎型、神经型、溶血型和中毒性肝炎型。晚期严重者可出现呕血和血便，皮肤紫癜。

③棉籽中毒：进食少者2～4天发病，严重者可数小时内发病。轻者表现为腹胀、便秘，严重者出现烦躁不安、嗜睡、昏迷、抽搐、心肺肝肾功能衰竭，同时伴有胃肠道出血，夏季大量进食可引起高热。

④苍耳子中毒：直接进食苍耳子4～8小时后即可发病，轻者表现嗜睡、乏力、口渴、呕吐和腹痛等症状，重者出现胃

肠道出血、脑和心脏损害等。

3. 中毒病的救治原则

（1）除去毒物：控制可疑物质摄入。

（2）阻滞毒物吸收：洗胃催吐、氧化解毒、吸附解毒、中和解毒。

（3）促进毒物排出：利尿、放血、输液。

（4）使用特效解毒剂。

（5）对症处理：强心、补液、安神、保护肝脏、镇静、止血，并加强护理。

4. 常见中毒病的特效解毒方法

（1）有机磷农药中毒：解毒剂阿托品，牛中毒后剂量可用50～200毫克/次，先用50毫克，一次皮下或肌内注射，如果2～3小时后还继续流涎，可再注射50毫克，一般可愈。犬10～50毫克。另外可用解磷定、氯磷定。

（2）氰化物中毒：解毒剂有亚硝酸钠或硫代硫酸钠、羟钴胺及氯钴胺。

（3）高铁血红蛋白还原剂中毒：解毒剂有亚甲蓝和苯甲胺蓝。

（4）亚硝酸盐中毒：特效解毒剂亚甲蓝，1%亚甲蓝1毫升/千克体重，2小时重复1次。补充维生素C可加强疗效。

（5）其他解毒方法

一氧化碳中毒：吸入氧气。

甲醇中毒：使用乙醇或甲吡唑。

乙二醇中毒：使用乙醇或甲吡唑。

重金属中毒：使用螯合剂如依地酸钙钠、二巯丙醇、青霉胺、二巯丁二酸等。

抗胆碱能物质：毒扁豆碱。

阿托品中毒：使用抗胆碱酯酶和氯解磷定。

异烟肼中毒：使用吡哆辛。

第五节 动物常见外科疾病的诊断与治疗

一、创伤

1. 临床症状 动物机体局部出血，疼痛，有创口及组织机能障碍等，感染后容易引起化脓、坏死，并有体温升高，精神不振等症状，甚至会引起败血症，导致动物死亡。

2. 诊断要点

①创伤皮肤破损、出血、肿胀、疼痛，或化脓溃烂，严重的伴有全身症状。

②轻度创伤局部皮肤肌肉破损，出血疼痛，但在短时间内流血自止。

③重度创伤创口较大、较深，肌肉和血管发生断裂，血流不止，容易引起贫血虚脱，有的同时出现肌腱韧带断裂。

④创伤处理不及时容易化脓腐烂，严重的发生脓毒败血症。

3. 治疗步骤（图 3-31）

①止血：根据创伤部位、出血种类和程度，采用适当方法尽早彻底止血。

②清理创腔：清洁创围，用消毒纱布覆盖创口剪毛、清洁、消毒；组织损伤严重的创伤，可在麻醉下修整创缘，扩大创口，消除创囊，暴露创底，除去异物、血块及坏死组织；以生理盐水或弱防腐液（0.1%高锰酸钾溶液、0.1%雷佛奴尔溶液）反复冲洗，直至洗干净为止，并用灭菌纱布吸净残留药液。

③缝合：不能缝合且污染严重的创伤，应撒布少许青霉素粉、磺胺粉、碘仿磺胺粉（1∶9）；对污染严重的组织可进行部分缝合，在创口下角留排液孔，并放置引流物；创口裂开过宽时，在创口两端做若干个结节缝合；组织损伤严重或不便于

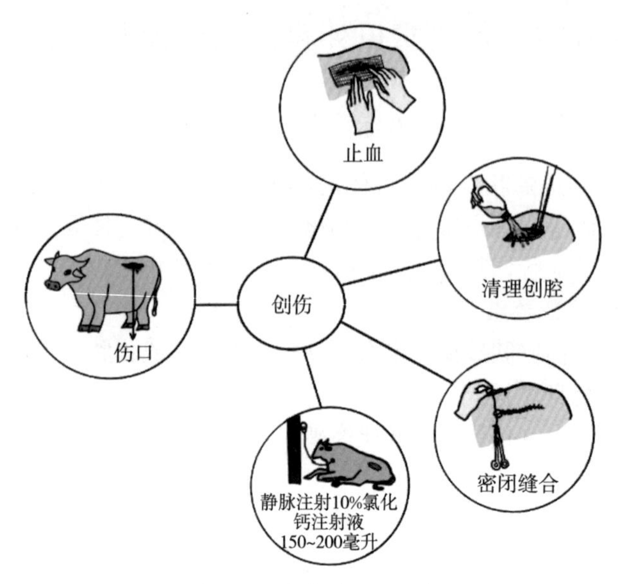

图 3-31　创伤处理及治疗

缝合时，可行开放疗法。

④全身疗法：采取抗菌消炎、调节代谢、强心解毒。大动物可静脉注射 10％氯化钙注射液 150～200 毫升、5％碳酸氢钠注射液 300～500 毫升，加入抗生素，连续使用 3～5 天。

4. 治疗方法

①新鲜创的治疗：尽早施行清创术止血和防止感染，处理后用抗生素类药物治疗，力争达到第一期愈合。

②化脓创的治疗：化脓初期呈酸性反应，用碱性药液（生理盐水、2％碳酸氢钠溶液或 0.1％～0.5％新洁尔灭等）冲洗创腔。若为厌氧菌、绿脓杆菌、大肠杆菌感染，可用 0.1％～0.2％高锰酸钾、2％～4％硼酸溶液或 2％乳酸溶液等酸性药物。

③肉芽创的治疗：肉芽组织生长良好时，选用生理盐水、0.1％～0.2％高锰酸钾溶液洗去或拭去脓汁，冲洗的次数不宜过频、压力不宜过大。不可用强刺激性药物冲洗。

二、局部感染

1. 临床症状

①局部临床症状：感染部位局部温度升高、潮红、肿胀（局限性）、疼痛，皮肤及皮下组织肿胀，有波动感，在四肢会出现运动机能障碍。

②全身表现：病灶部位较深、感染全身扩散、脓液引流不畅，可出现寒战、发热、食欲减退、脉搏快等全身表现。

2. 治疗原则　消炎、止痛、制止炎性产物进一步渗出、促进炎性产物消散或吸收；改善全身状况，增强机体抗病能力，采取局部与全身治疗相结合的综合疗法（图 3-32）。

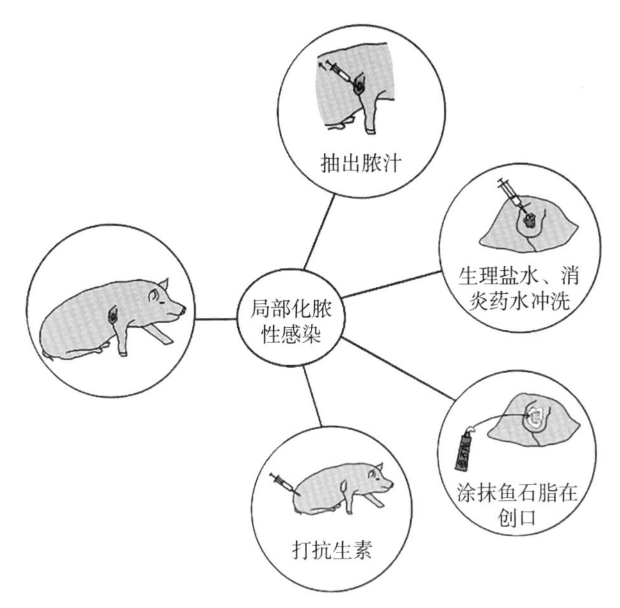

图 3-32　局部化脓性感染及治疗

3. 治疗方法　早期用冷敷疗法，如复方醋酸铅溶液、酒精等冷敷；患部周围用普鲁卡因青霉素封闭治疗，抑制炎性渗出和止痛；局部可涂擦鱼石脂、樟脑软膏。晚期脓肿要用外科脓汁抽出疗法、脓肿切开法、脓肿摘除法（适用于小脓肿）。同时抗菌消炎、解热镇痛。

三、动物疝

1. 疝的形成　疝（图 3-33）一般由疝孔、疝囊和疝内容物组成。疝孔是肌肉破裂孔或扩大的天然孔，内脏由此脱出。疝囊由腹膜及腹壁的筋膜、皮肤等组成，兜住脱出的内脏。疝内容物是通过疝孔脱出到疝囊内的一些可移动的内脏器官，多为小肠肠襻、网膜。

图 3-33　疝

2. 疝的分类

（1）可复性疝：当动物的体位改变或人用手压迫疝囊时，疝内容物可通过疝孔还纳到腹腔。

（2）不可复性疝：用手压迫或改变身体位置依然不能整复疝囊内容物。

（3）嵌闭性疝：当疝孔比较狭窄或疝道长而狭、疝内容物与疝囊发生粘连、肠管之间互相粘连或肠管内充满过多的粪块或气体，疝内容物嵌闭在疝孔内，脏器受到压迫，血液循环受阻而发生淤血、炎症、甚至坏死等。

3. 疝的治疗（图 3-34）

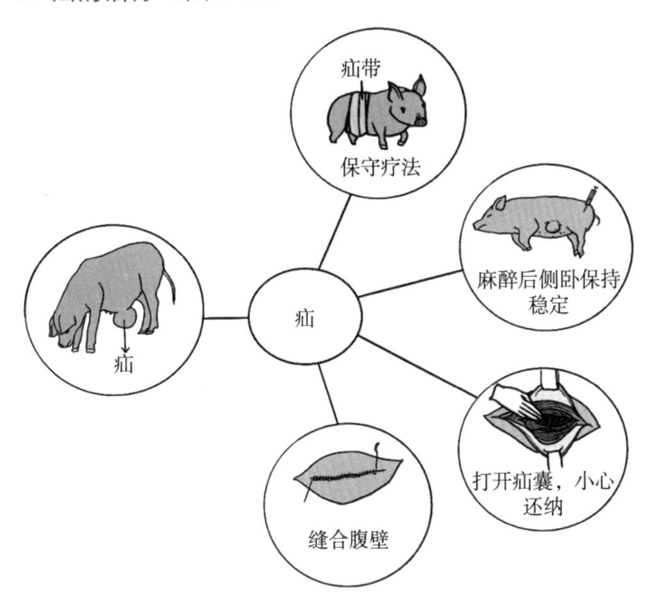

图 3-34　疝及治疗

（1）保守疗法：适用于疝轮较小，年龄较小的动物。可用疝带（皮带或复绷带）、强刺激剂（碘化汞软膏或重铬酸钾软膏）等促使局部炎性增生闭合疝口，或用大于脐环的外包纱布小木片抵住脐环，然后用绷带加以固定，以防移动，同时配合疝轮四周分点注射 10%氯化钠溶液。

（2）手术施治法：手术前浸润麻醉后，动物呈仰卧或侧卧保定。切开皮肤，打开疝囊，暴露疝内容物，清除内容物，将肠管小心还纳腹腔，修整疝环，纽扣状缝合疝孔和切口。陈旧性疝轮需切除部分，以利于肌层愈合。阴囊疝处理可结合阉割同时进行。

术后用 0.5%盐酸普鲁卡因青霉素做环状封闭注射，抗生素治疗 5～7 天。不宜喂得过饱，限制剧烈活动，防止腹压增高。术部包扎绷带保持 7～10 天。

四、腐蹄病

1. 临床症状及诊断要点 病畜出现跛行，检查蹄部可见蹄冠、蹄踵潮红肿胀，有压痛感。蹄底或蹄间有溃疡面，严重者烂成大小不等的空洞，流出黑色恶臭的液体。

①急性腐蹄病病情发展很快，病变进一步侵害腱鞘和关节囊，发生化脓性腱鞘炎，出现体温升高、精神委顿、食欲不振等全身症状。

②慢性腐蹄病常形成蹄间、蹄球与蹄冠的瘘管，病牛丧失劳动能力。

2. 预防 牛应经常检修蹄壳，场地平整和消毒，防止趾间皮肤损伤。发病率高的牛场，可定期用10%硫酸铜收敛剂液进行蹄浴。

3. 治疗 采用全身疗法和局部外科处理相结合的方法。全身使用磺胺类或抗菌药物注射治疗。局部配合使用2%来苏儿消毒液清洗蹄部污物，清除坏死组织后用3%过氧化氢液，1%高锰酸钾液冲洗消毒，然后用碘仿磺胺粉或硫酸铜水杨酸粉撒布于蹄部，再用浸有松馏油或3%福尔马林酒精的棉纱布压紧患部，绷带包扎，5～7天处理1次。

五、关节扭伤

1. 临床症状和诊断要点 患畜扭伤的关节出现热、肿、痛；站立时患肢屈曲，蹄尖着地，甚至将蹄提举，完全不敢着地；运动时跛行、三肢行走，疼痛加重；行走时急速转弯。

2. 治疗

①关节扭伤：立即让病畜休息，扭伤1～2天内冷敷和使用绷带加压包扎，以制止患病关节出血与渗出。

②急性炎症缓和后镇痛消炎、舒筋活血，促进渗出物吸收，预防组织增生，恢复关节机能。每日2～3次热敷，每次

30～60分钟。

③局部涂擦10%樟脑酒精、碘樟脑醚合剂。

④用0.5%盐酸普鲁卡因青霉素做环状封闭注射治疗。

六、眼结膜角膜炎

1. 临床症状 其共同的症状为结膜潮红肿胀，流泪，怕光，疼痛，敏感，眼睑闭合或半闭合，角膜周围血管充血，角膜混浊等。

结膜炎常为一侧性，有时两眼同时发生。结膜红肿，有浆液性、黏液性或脓性分泌物。水牛结膜炎常波及球结膜，严重时全部结膜水肿外翻，遮住眼球。

结膜炎常蔓延到角膜，严重的可能发生角膜翳，甚至角膜溃疡、穿孔，视力减弱甚至失明。

2. 治疗方法

①传染病或寄生虫引起的，应治疗原发病消除病因。眼睛可用生理盐水、2%硼酸液或1%明矾液清洗。

②减轻疼痛：眼睛内滴入2%盐酸可卡因数滴。

③控制感染：使用消炎的眼药水或眼膏。

④减轻炎症：使用可的松类眼膏或眼药水。慢性炎症用2%硫酸锌或2%硝酸银点眼，但硝酸银点眼10分钟后需用生理盐水洗净，防止银盐沉着。

⑤严重病例用1%普鲁卡因2毫升、青霉素5万～10万单位、氢化可的松10毫克混合在眼球结膜下注射，隔日1次。

第六节 动物常见产科疾病的诊断与治疗

产科疾病根据其发生时期分为怀孕期疾病（流产、死胎等）、分娩期疾病（难产）、产后期疾病（胎衣不下、子宫内膜炎、生产瘫痪）以及乳房疾病、新生幼畜疾病等。

一、流产

1. 发病原因

①机械性流产：动物相互抵撞、剧烈运动等一些外力造成的流产，都成为机械性流产。

②营养不良性流产：母畜过瘦、营养不良的情况下也比较容易出现流产。

③霉菌毒素流产：当动物采食发霉变质的饲草饲料。

④习惯性流产：母畜产子后出现子宫脱垂或者流产，以后会出现习惯性流产。

⑤炎症：有子宫内膜炎等生殖器官炎症时。

⑥药物性流产：一些药物可直接导致母畜流产，所以用药时一定要先阅读说明书。

⑦一些传染性疾病，如布氏杆菌病，猪伪狂犬病、猪蓝耳病等会引起流产。

2. 预防措施

①怀孕后一定要小圈饲养，不要大群饲养，不追赶和鞭打怀孕母畜，同时防止其发生碰撞、挤压等现象。

②适当加强营养，但也不要喂得过肥，避免难产，保持八成膘，同时喂给全价配合饲料，保证胎儿的营养需要。

③喂给母畜青绿多汁饲料或麸皮等轻泻性饲料，防止母畜便秘。

④不喂发霉变质、有毒、有刺激性饲料、酸性青贮料、冰冻饲料和含酒精过多的酒糟；圈舍要保持干燥、清洁、卫生。

⑤防止近亲繁殖，淘汰有遗传缺陷的母畜。

⑥定期消毒、免疫接种，预防母畜繁殖障碍性疾病、传染病及其他疾病发生。

3. 习惯性流产母畜保胎药物治疗

①配种后 3 天，每天肌内注射黄体酮，连用 1 周。

②10天后隔天注射黄体酮，观察发情结果，不转情连续用至30天。

③怀孕两个月后肌内注射黄体酮3～5毫升，每10日一次，连用2次。

④肌内注射安胎针3～5毫升，每日1次，连用两日。

⑤牛可注射硫酸阿托品1～3毫升；应用溴剂、氯丙嗪等镇静剂。

⑥严禁直肠和阴道检查。

⑦有流产征兆，可采取以下急救方法：取当归、黄芩、茯苓、白术、白芍、艾叶、川朴、枳壳各20克水煎后加白酒100毫升，候温喂服或灌服，每日1剂，连用2日。

4. 流产母畜的药物治疗　经保胎仍无法控制病情时，应尽快排出胎儿（死胎）或其分解产物，可用以下治疗方案。

①肌内注射雌激素。

②皮下注射催产素。

③皮下注射氨甲酰胆碱。

④肌内注射前列腺素。

⑤皮下注射新斯的明。

⑥进行手术助产，在操作中注意消毒，确保人畜安全。

以上②③④⑤任选一。

5. 对延期流产的胎儿的处理

①先使用前列腺素，溶解黄体和子宫颈扩张后再用雌激素。

②同时子宫内灌入润滑剂，胎儿排出后应用消毒药液对子宫进行冲洗。

③注射子宫收缩药，同时在子宫内放入抗生素并结合全身疗法。

用药前弄清是否是传染性、寄生虫性或中毒性流产，如果有其中之一，采取相应措施处理，必要时采集样品送实验室确诊，以便对症治疗。

二、难产

1. 诊断要点

①阵缩无力：表现是胎位正常，子宫颈口张开，胎儿头部已到子宫颈口，两前肢已进入阴道，但努责无力或无努责，不能产出胎儿。

②胎位不正：头颈侧弯、下弯，肩部前置，前肢屈曲，坐骨前置等。

③软产道异常：表现为分娩时阵缩及努责正常，但不见胎膜和胎儿前置部分外露，产道检查子宫颈闭锁、扩张不全或触摸到硬固的瘢痕。

④骨盆大小不相适应：可触摸到骨盆窄小、骨盆变形、胎儿过大或子宫扭转。

2. 手术助产及治疗

①阵缩无力：可肌内注射催产素，必要时半小时后再重复一次。如无效，可将手臂伸入产道，先把胎儿前肢拉齐，再用力向外牵拉。

②胎位不正：先将胎儿完全推回子宫内，矫正胎位后慢慢将胎儿拉出。如果用手拉出有困难，可用消毒的产科绳套住胎儿，顺产道方向牵拉。

③子宫颈扩张不全：肌内注射己烯雌酚，半小时后再注射催产素，使子宫颈松软扩张，产出胎儿。或向子宫内注入润滑剂缓慢拉出胎儿，若无效应施行截胎术或剖腹取胎术。

④骨盆大小不适：产道灌注润滑油，试行拉出胎儿，无效则马上进行截胎术或剖宫产手术。

⑤产后处理：胎儿拉出后及时清除其口、鼻及身体上的黏液和断脐带。及时清除胎衣碎片、淤血，冲洗子宫并撒入抗菌粉，以防产后感染，同时用敌百虫喷洒阴户周围，以防蚊虫、蝇类叮咬。使用抗生素治疗，以防感染。

三、胎衣不下

1. 概述　母畜分娩后，胎衣不能在正常时间（牛 4～8 小时，不超过 12 小时；羊 30 分钟至 4 小时；猪 1 小时）内排出，称为胎衣不下。

2. 诊断要点

①胎衣全部不下：在病畜阴门外可见悬挂着的胎衣，呈红色或暗红色，常被粪草污染腐败，发出恶臭，易引起子宫内膜炎。并出现体温升高等全身症状，甚至发展成败血症而死亡。

②胎衣部分不下：在阴门外不见胎衣，检查已排出胎衣时发现胎衣缺损，几天后子宫内留着的部分胎衣会引起继发性子宫内膜炎。

3. 治疗

①药物疗法：要及时用子宫收缩药肌内或皮下注射，2 小时后再重复 1 次。或子宫内注入 5%～10%盐水促使胎盘萎缩分离而排出。为防止感染，应注射抗生素（土霉素）等药物。

②手术疗法：当药物不能使胎衣排出时，应施行胎衣剥离手术。术前温水灌肠排粪，消毒液洗净外阴，术者手严格消毒后涂上润滑剂顺阴道进入子宫，剥离胎盘时动作要轻，由外及里逐个剥离，不能遗漏，力求完整地取出胎衣。胎衣剥离后子宫内留置土霉素或金霉素栓塞胶囊，防止子宫感染。

四、生产瘫痪

1. 概述　生产瘫痪也称乳热症，是产前不久或产后 2～5 天内，母畜所发生的四肢运动能力丧失或减弱、昏迷和低血钙为特征的一种营养代谢性疾病。

2. 发病原因　主要原因是营养不平衡，体内缺乏某些必需的维生素和其他的微量元素，如钙缺乏。

①饲料因素：饲料单一，钙磷比例失调；特别围生期、分娩前饲喂高钙低磷饲料，使血液的血钙浓度增高，甲状腺细胞分泌降钙素增多，同时抑制了甲状旁腺激素分泌，导致泌乳时动用骨骼钙的能力降低；饲喂高蛋白、缺碘、离子平衡失调也会发生产后瘫痪。

②胎儿因素：在怀孕后期，胎儿骨骼发育快，饲料中补充钙不足，分娩后，骨骼中可动用的钙也大大减少。

③泌乳因素：泌乳过程中大量的血钙进入初乳，母体钙的流失严重，补充不及时导致血钙浓度急剧下降而发病。

④大脑皮质抑制：在分娩过程中，大脑皮层过度兴奋，其后转为抑制；开始泌乳，大量血液进入乳房，引起脑的血压下降，出现暂时性供血不足；同时大量血糖转化为乳糖，使血糖下降出现低血糖，对大脑也可产生低血糖性抑制。

3. 临床症状 瘫痪初期表现为后腿无力，站起来走不久就会躺下，后经常性站立困难，或站 2 分钟就会倒下，最后发展到站不起来，只能瘫痪在地上。

4. 预防 经常添加维生素、钙片、葡萄糖等一些营养物质，每天一次（图 3-35）；中药方剂：党参、黄芪、白术、牛膝、甘草等中药材煎水服用；加强管理，适当放牧，圈舍定期清扫和消毒。

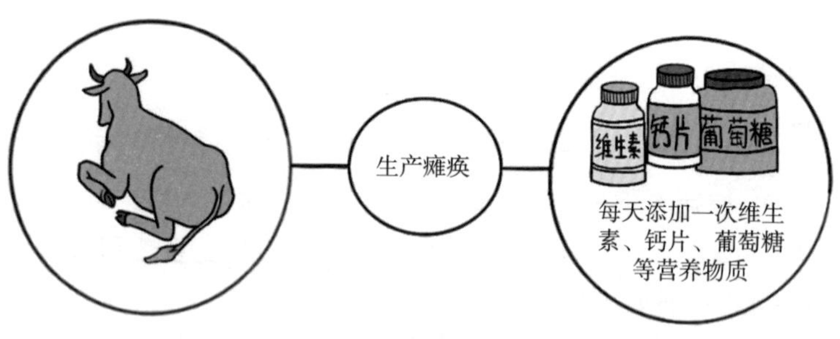

图 3-35 生产瘫痪及预防

五、子宫内膜炎

1. 概述　子宫内膜炎是导致动物不孕的主原因之一。动物在交配过程中，阴道和子宫因带进异物及病原微生物而引发的疾病。病畜自身抵抗力较弱时，如阴道内的铜绿假单胞菌（绿脓杆菌）大量繁殖感染所致。本病多发生在繁殖季节，特别是本交。如果交配次数在6次以上，非常容易发生子宫炎症，影响母畜繁殖性能，损失较大（图3-36）。

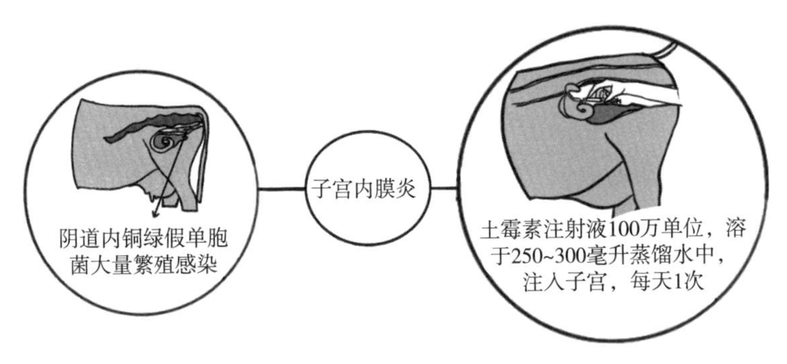

图3-36　子宫内膜炎的处理

2. 发病病因

①助产不当、难产、产道及子宫内膜受损伤；产后子宫弛缓、流产、胎衣不下、恶露蓄积；子宫脱出、子宫内膜损伤或被污染；消毒不彻底、阴道和子宫颈炎症等处理不当或治疗不及时而使子宫受细菌感染，引起内膜炎。

②配种时不严格执行操作规程，如输精器、外阴部、人的手臂消毒不严；输精时器械损伤子宫内膜、输精频繁等。

③继发性感染，如布氏杆菌病、结核病及其他侵害生殖道的传染病和寄生虫病等都能引起子宫内膜慢性炎症；分娩后由于机体抵抗力降低及子宫损伤，病情加剧而转为急性炎症。

④发生其他全身性疾病时，病原体内源性地转移至子宫，

引起子宫内膜炎。

3. 临床症状

①全身反应不明显：阴道分泌物初呈灰褐色，后变为灰白色，由黏液变为脓液，量由少变多，腐臭味，常见分泌物从阴道内流出，于坐骨结节黏附成结痂。

②全身症状明显：体温升高，进食、反刍、泌乳停止。阴唇发绀，阴道黏膜干燥，从阴道内排出褐色或灰褐色、含坏死组织块的分泌物，恶臭。直肠检查时可见子宫壁和子宫角增厚，手压有疼痛感。

③隐性子宫内膜炎：发情周期、发情表现及排卵正常，但屡配不孕，或配种受孕后流产。阴道内聚有少量的混浊黏液，或发情时从子宫内流出混有脓丝的黏液，子宫角增粗，子宫壁肥厚、收缩微弱。

④慢性卡他性脓性子宫内膜炎：发情周期不规律，阴道分泌物稀薄，发情时增多，呈脓性。子宫角粗大、肥厚、坚硬，收缩反应微弱，卵巢上有持久黄体。

4. 预防

①加强管理，早发现，早诊断，早治疗。

②搞好环境卫生，定期消毒。

③控制产前、产后感染。

5. 治疗 消除子宫腔内的渗出物，促进子宫收缩；同时使用抗菌药物消除炎症，防止感染扩散。

①子宫灌注入法：土霉素或青霉素 100 万单位，溶于 250～300 毫升蒸馏水中，一次注入子宫，隔天 1 次，直至分泌物清亮为止。

②病程较长、分泌物呈脓性，可用以下方剂进行治疗。

卢格氏液（复方碘溶液）600 毫升，一次注入子宫内；纯鱼石脂 800 克，溶于 1 000 毫升蒸馏水中，配成 8%～10%的溶液，每次注入子宫内 10 毫升，隔天 1 次，一般用 3 次；一次性肌内注射15～25毫克己烯雌酚，隔天1次，与子宫内撒土霉素粉联合使用效果更好。

③子宫按摩法：将手伸入直肠，隔肠按摩子宫，每天1次，每次10～15分钟，有利于子宫收缩。

④全身治疗：根据全身状况，可补糖、补盐、强心，并使用抗菌类药物。

六、不孕症

1. 临床症状 母畜发情不明显，甚至不发情，或虽发情但屡配不孕；直肠检查有的卵巢体积缩小无卵泡或黄体；卵泡长期停留在二至三期不能发育成熟而排卵或形成囊肿，或出现持久黄体；子宫缩小发育不全，子宫颈外口闭锁、畸形、有肿瘤、充血或水肿；阴道、子宫有炎症。

2. 预防 建立合理的饲养管理和使役制度，积极治疗原发病。

3. 治疗

①卵巢机能减退、卵巢囊肿的病畜可采用生殖激素促进性腺机能恢复或活化。

②可根据情况选用己烯雌酚、促卵泡激素、促黄体素、绒毛膜促性腺激素、孕马血清促性腺激素、促黄体释放激素类似物。

③持久黄体病畜可用前列腺素及促黄体释放激素类似物。

④中药可选用调补气血、暖腰补肾的药物，如四物汤加减。

⑤子宫颈外口紧闭、畸形、不正的母畜可施行人工授精。

第四章　人畜共患病

第一节　人畜共患病的流行及危害

人畜共患病已经成为全球动物防疫工作的热点和难点问题。兽医和养殖从业人员在开展养殖生产过程中，与动物接触最多，除了要防治动物疾病外，还要注意自身防护。

一、人畜共患病

在人类和脊椎动物之间自然传播的疾病。由共同的病原体引起的、流行病学相关一类疾病（图 4-1），包括由病毒、细菌、立克次体、衣原体、螺旋体、真菌以及寄生虫等引起。

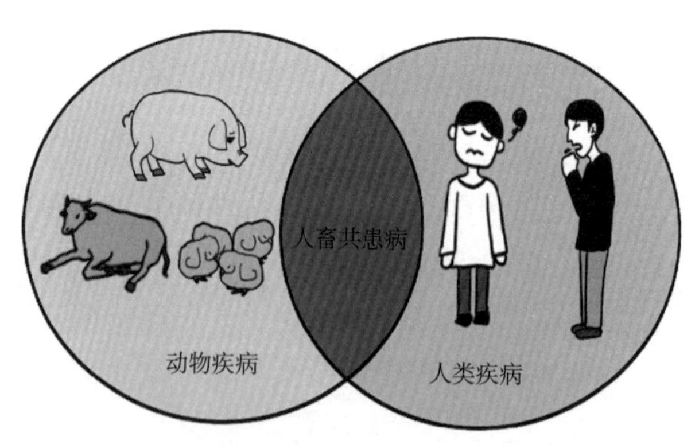

图 4-1　人畜共患病

二、流性特征

1. 特点

（1）很多人畜共患病既是动物的严重疫病，也是人类的烈性传染病。

（2）它们的病原体宿主谱一般都很宽，许多是自然疫源性疾病，难以控制和消灭。

（3）很多人畜共患病为职业性疾病，危害职业人员健康，如狂犬病、猪伪狂犬病、猪戊型肝炎、肺结核、布氏杆菌病。

（4）很多人畜共患病具有食源性疾病特点，如口蹄疫、新型冠状病毒感染。

2. 发生特征

（1）新病种、新病型陆续出现，老疫病卷土重来，再度肆虐人和动物。

（2）以病毒病为最多，损失也以病毒病为最重。

（3）以动物源性人畜共患病为主。

（4）以自然疫源性疫病为多。

（5）以食物、水和虫媒为主要传播途径。

（6）由机会致病菌引起的疫病在增多。

三、传播途径

1. 唾液传播 如患狂犬病的猫、犬，它们的唾液中含有大量的狂犬病病毒，当猫犬咬伤人时，病毒就随唾液进入体内，引发狂犬病。

2. 粪便传播 粪便中含有各种病原，包括戊型肝炎病毒、结核杆菌、布氏杆菌、沙门氏菌等，大多数寄生虫虫卵，都可借粪便污染人的食品、饮水和用物而传播。钩端螺旋体病的病原可经尿液传播。

3. 呼吸道或飞沫传播 有病的畜禽在流鼻涕、打喷嚏和咳嗽时，常会带出含有病毒或细菌的飞沫，散播疾病。

4. 接触传播　畜禽的全身被毛和皮肤、垢屑里，含有各种病毒、病菌、疥螨、虱子等，既是病原体又是传播媒介。宠物接触者如果不注意个人防范，任意与动物拥抱、亲吻、同食、同寝，均有可能染上动物所带疾病。

四、防控

（1）由于职业等原因与动物接触频繁的人，要注意个人卫生防护，戴口罩、手套等；当身体或皮肤有破损时，注意包扎，防止伤口感染病毒或病菌而发病。

（2）动物养殖场人员也要注意个人防护，严格执行消毒程序，饲喂动物穿工作服、戴口罩、手套等，生活区与饲养区隔离。

（3）与宠物经常接触的人员，要定期对宠物某些疫病进行预防接种，不要与宠物拥抱、亲吻、同食、同寝。

（4）大众食物要讲究卫生，选用经过检验的乳、肉、蛋品，并提倡熟食；禁止食用病死动物，尽可能防止感染动物染传染病。

第二节　禽流感

1. 概述　禽流感全称禽流行性感冒，是由A型（甲型）流感病毒引起的家禽和野禽的一种烈性传染病。发病动物有急性呼吸道症状，表现为高热、咳嗽、流涕、肌痛等，数伴有严重的肺炎症状，心、肾等多种脏器衰竭，病死率高。

2. 危害　不仅重创家禽养殖业，而且威胁人类健康。

（1）对禽类的危害：病毒在禽类的消化道中繁殖，许多家禽（如火鸡、鸡、鸽子、珍珠鸡、鹌鹑、鹦鹉等陆禽）都可感染发病，以火鸡和鸡最为易感，鸭和鹅等水禽也易感染，并可带毒或隐性感染，发病时会大量死亡，造成严重损失。

（2）对人的危害：由于禽流感病毒的血凝素结构特点，一般感染禽类，当病毒在复制过程中发生基因重配，致使结构发生改变，获得感染人的能力，造成人能感染禽流感病毒，已有相关报道。

3. 传染源

（1）患病或携带病毒的鸡和水禽；其次是野生鸟类，特别是迁徙性的鸟和水禽；其他动物，如火鸡、猪、人及隐性感染动物等均可为传染源。

（2）病毒随病禽的呼吸道、眼鼻分泌物、粪便排出，健康个体通过消化道和呼吸道感染发病。病毒还可通过饲料、禽舍、笼具、饲养用具、饮水、空气、运输车辆、人、昆虫等进行传播。病初2～3天传染性最强，传染期约1周。

4. 临床症状

（1）禽的临床症状（图4-2）

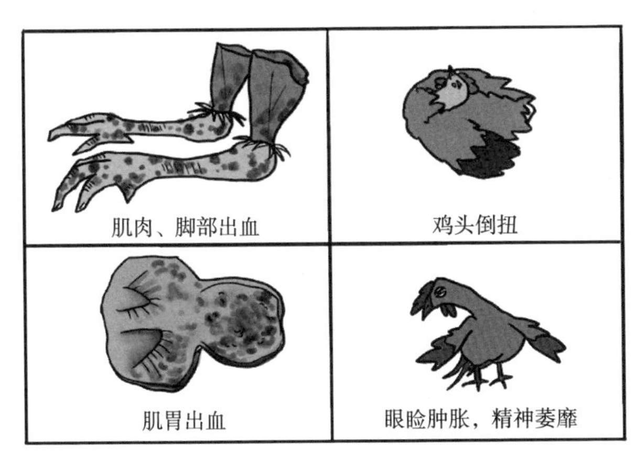

图4-2　禽流感主要症状

①高热、流泪、眼睑肿胀，咳嗽、喷嚏、呼吸道啰音、休克，排黄绿色粪便，有时腹泻。

②全身脏器败血症、多脏器功能衰竭，表现头部、皮下水肿，鸡冠发紫、肉垂出血坏死，皮肤、鳞片出血，腺胃、肌胃黏膜出血，胰脏、心脏、肠道、输卵管出血、水肿。

③采食量降低，蛋鸡产蛋率下降，产异常卵；雏鸭有神经症状，如扭头、观星状、两腿劈开等。

④禽流感是一种免疫抑制性疫病，发病鸡群抗病能力极差，易并发或继发其他传染病，如大肠杆菌病、新城疫、传染性支气管炎、支原体病等。

（2）人的临床症状：发病严重程度与个体免疫状况有关，一般约 50%的感染病人会发展成典型流感临床症状。

①典型的临床症状：突然发热 39℃以上，头晕头痛、全身疼痛、乏力和轻度呼吸道症状，同时伴有喉咙痛和咳嗽、鼻塞、流涕、胸痛、眼痛、畏光等症状。

②高致病性禽流感：人表现为高热、咳嗽、流涕、肌痛等症状，呼吸困难，严重的肺炎、咳血痰，快速发展为急性呼吸窘迫综合征、脓毒症、感染性休克，部分患者可出现纵隔气肿、胸腔积液等或发生昏迷，意识障碍，心、肾等多脏器衰竭致死。

5. 预防、控制和治疗

（1）高致病性禽流感的强制免疫

①依据《中华人民共和国动物防疫法》的规定，饲养动物的单位和个人是强制免疫主体，自主实施免疫接种，建免疫档案，做好免疫记录，并接受兽医行政管理机构的监督检查。

②尽量做到凡是饲养鸡、鸭、鹅、鹌鹑等禽类，进行 H5 亚型和 H7 亚型高致病性禽流感强制免疫。

（2）发生禽流感的处理

①实行紧急扑杀为主的处理措施：采取划定疫点、疫区、受威胁区；封锁，扑杀，无害化处理，紧急免疫，消毒，病源分析与追溯调查；解除封锁，做好处理记录等综合措施。

②不接触和食用病、死的禽肉；不购买无检疫证明的鲜、活、冻禽及其产品；禽肉食品加工，一定要做到生熟分开，避免交叉污染，处理生禽肉的案板、刀具和容器等不能接触熟食；食用熟食禽制品。

③政府部门平时应做好禽和人流感发病的监测，做好流行病调查和病毒学监测，及时发现聚集性病例的病毒变异，采取相应的干预和应对措施。不断加强对禽流感预防知识的科普宣传。

（3）人流感的预防

①预防流感，定期接种流感疫苗。

②注意个人卫生习惯，勤洗手、勤洗澡，不共用毛巾、口杯等，不随地吐痰。室内常通风，减少聚集的细菌和病毒数量。

③疫病流行期应尽量避免到公共场所，如商场、医院等人群密集的地方，出行戴口罩，同时勤洗手。

④根据气温的变化，适当地增减衣服，防止因感冒着凉引起的免疫力低下。同时加强体育锻炼，坚持户外运动，增强免疫力。

⑤饮食注意营养均衡搭配，定时定量，多喝水，不吸烟，少喝酒。同时要保证睡眠充足，避免过度劳累。

⑥若出现发热、头痛、鼻塞、咳嗽、全身不适等症状，一定及时就医。

（4）人流感的治疗

①隔离患者，尽早使用抗病毒药物配合对症治疗药物进行治疗。

②对症治疗：高热使用解热镇痛药；鼻塞使用通鼻药，咳嗽使用止咳化痰药；呼吸困难进行吸氧和呼吸机给氧治疗等。

③出现细菌感染并发症采用抗生素治疗，但需遵循医嘱合

理使用。

第三节 口蹄疫

1. 概述 口蹄疫俗称口疮、蹄癀，是由口蹄疫病毒所引起的偶蹄动物的一种急性、热性、高度接触性传染病。以口腔黏膜、蹄部和乳房皮肤发生水疱为特征症状。主要感染猪、牛、羊等家养和野生偶蹄动物，易感动物多达70余种。人对口蹄疫有易感性，症状为口腔黏膜和乳房皮肤等部位出现水疱。

2. 危害

（1）世界动物卫生组织将口蹄疫列为动物A类烈性传染病。

（2）主要危害偶蹄动物，一头病牛的排毒量可感染100万头牛，1克病猪蹄部水疱皮可使10万头猪感染发病。

（3）对人的危害不严重。人主要通过接触发病的牛、猪、羊等通过呼吸道感染，也可通过消化道、创伤的皮肤感染患病；病毒可以在人与人之间传播，甚至造成地方性流行。

3. 传染源

（1）发病动物和潜伏期感染动物为主要传染源。康复期及接种活疫苗免疫动物也带毒，如病毒在牛口咽处可存活30个月，水牛则更长，绵羊为9个月。

（2）感染动物呼出物、水疱液、乳汁、唾液、粪便、尿液及精液均含有病毒，潜伏期发病动物的肉及副产品也带病毒。

4. 流行病学特征

（1）牛（犊牛）最易感，骆驼、绵羊、山羊、猪次之。

（2）具有流行快、传播广、发病急、危害大等流行病学特点，发病率达50%～100%，犊牛死亡率较高。

（3）病毒入侵途径主要是消化道，也可经呼吸道传染（图4-3）。春秋两季多发，尤其是春季。

（4）风和鸟类也是远距离传播的因素之一。病毒随风传播可达50～100千米，有强烈的传染性，不易控制和消灭。

（5）口蹄疫主要的传播途径有消化道、呼吸道、直接接触皮肤和黏膜、空气气溶胶、媒介（如风和鸟）。

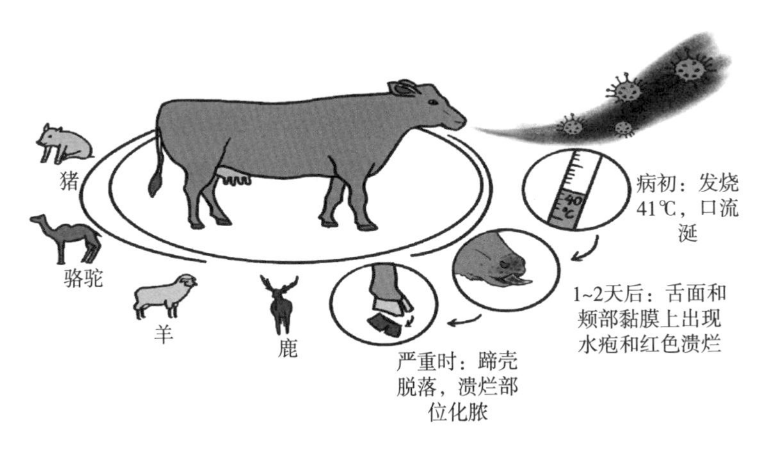

图4-3　口蹄疫传播途径

5. 发病机理

（1）气溶胶传播：含有病毒的气溶胶颗粒可粘贴在呼吸道及呼吸道下部发生感染。

（2）分期传播：第1期病毒损伤消化道、呼吸道黏膜侵入机体后，在上皮样细胞内繁殖，引起浆液渗出形成原发性含有大量的病毒水疱。第2期病毒进入血液，形成病毒血症，引起体温升高、脉搏加快、食欲减退等全身症状。病毒随血液流动到口腔黏膜、蹄部和乳房的皮肤表层组织内，继续增殖，形成继发性水疱。

（3）虎斑心：幼畜发生病毒血症，病毒产生的毒素危害心肌，使心肌发生变性或坏死而出现灰白色或淡黄色斑点或条纹，俗称虎斑心，继发心肌炎而导致死亡。

6. 临床症状

(1) 动物的临床症状

①潜伏期1～7天，病畜精神沉郁，闭口，流涎，开口时有吸吮声，体温可升高到40～41℃。发病1～2天后，病牛齿龈、舌面、唇内面可见大小不一的水疱，涎液增多并呈白色泡沫状挂于嘴边。

②采食及反刍停止，一昼夜后水疱破裂，形成溃疡，体温逐渐降至正常。在口腔、趾间及蹄冠柔软的皮肤上发生水疱，很快破溃，然后逐渐愈合。有时在乳头皮肤上也可见到水疱。

③本病一般呈良性经过，一周左右即可自愈。若蹄部有病变则可延至2～3周或更久，死亡率1%～2%。病情突然恶化，可见全身衰弱、肌肉发抖、心跳加快及节律不齐，食欲废绝、反刍停止，行走摇摆、站立不稳，往往因心脏停搏而突然死亡。犊牛发病时往往看不到特征性水疱，主要表现为出血性胃肠炎和心肌炎，死亡率高达25%～50%。

(2) 人的临床症状：人感染口蹄疫后经过2～18天的潜伏期，表现为突然发病，类似流感。病初可见口、咽及指、趾部可出现水疱，愈后不留疤痕。重者可并发胃肠炎、神经炎以及皮肤、肺部的感染。一般病程不超过1周，预后良好。

7. 预防和控制

(1) 强制免疫：我国对口蹄疫实行强制免疫，养殖场要定期为偶蹄动物接种疫苗。有关部门加强口啼疫疫苗接种宣传工作，指导养殖户正确接种疫苗。

(2) 消毒：日常预防工作的重点，选择敏感消毒剂，在多发季节每天1～2次消毒，平时每周消毒1～2次。范围包括猪场大门、猪圈门口、猪蹄等，最好在猪圈门口设置消毒池，便于消毒。

(3) 流行病学调查与监测：对疫病发生的时间、地点、原因、发病动物的种类、发病数量、发病范围等进行调查，为防控工作提供依据。

(4) 检疫：从外省份引进偶蹄动物时，必须查验检疫证明，隔离饲养至少2周以上，确认动物健康方可入群。发现疑似口蹄疫疫情，须及时报告兽医部门。注意个人防护，尽量避免接触患病动物。

(5) 防疫：发现疑似口蹄疫时上报，病畜就地封锁，对所用器具及污染地面消毒。并进行严格封锁、隔离、消毒和扑杀。扑杀后要无害化处理。病畜吃剩的草料和饮水，要烧毁或深埋，畜舍及附近喷洒消毒液消毒。

第四节　布氏杆菌病

1. 概述　布氏杆菌病是由布氏杆菌引起的人畜共患传染病。动物主要以侵害生殖系统，引起流产、不育和各种组织的损害为特征。人感染后缓慢起病以长期发热、多汗、关节疼痛及肝脾肿大为临床特征，容易转变为慢性，复发率高。

2. 危害　对人和动物危害均较大的细菌性人畜共患病，全球流行，我国疫情分布广泛，北方高于南方。

动物：病菌主要侵害生殖器官、关节、胎膜、多种器官组织，造成发炎、坏死和肉芽肿，表现为流产、不孕、睾丸及关节炎等。还可导致心内膜炎、脑膜脑炎、脊髓炎等疾病，严重者可危及生命。

人：感染布氏杆菌后，病菌在人体中产生菌血症和毒血症，慢性期多侵入脊柱和关节，还可侵及骶髂、髋、膝、肩关节。

3. 传染源　主要是患病动物及带菌动物（包括野生动物）。一般不人传人，人类感染羊种病菌最多见，且毒力最强，猪种次之，牛种最弱，犬经常是隐性感染。最危险的是受感染的妊娠母畜，它们在流产或分娩时将大量布氏杆菌随着胎儿、胎水和胎衣排出，污染环境及感染人类。

4. 发病机制

（1）潜伏期的淋巴源性迁徙：病菌自皮肤或黏膜侵入机体，进入淋巴结。细菌在胞内生长繁殖，形成局部原发病灶。

（2）临床明显的败血症：大量细菌进入淋巴液和血循环形成菌血症，随血流带至全身，在肝、脾、淋巴结、骨髓等处的单核吞噬细胞系统内繁殖，形成多发性病灶。病灶内释放细菌，在细胞外血流中生长、繁殖。

（3）多发性病灶阶段：如免疫功能低或感染菌量大、毒力强，细菌被吞噬细胞吞噬带入各组织器官形成新感染灶。

（4）慢性感染：感染灶细菌生长繁殖再次进入血液，导致疾病复发。组织病理损伤广泛。临床表现多样化，如此反复成为慢性感染。

5. 流行病学特征

（1）动物的感染途径：消化道、皮肤感染，吸血昆虫也可以传播本病。

（2）人的感染途径：食入、接触和吸入。

（3）当患畜流产和分娩时，由于人自身保护不当，通过体表皮肤黏膜的接触进入人体，如进行接产羊羔、屠宰病畜、挤奶等活动时。

（4）经消化道的食物含有布氏杆菌，如生奶、奶制品或被污染的饮水和肉类；吸入被布氏杆菌污染的尘埃也是感染途径之一。

（5）本病遍布全球，放牧区多发，大城市可见散发，全年均可发病，以春末夏初家畜繁殖季节为多。

6. 临床症状

（1）动物的临床表现：布氏杆菌多为细胞内寄生，难于彻底杀灭，易转为慢性呈反复发作。潜伏期 2 周到 7 个月，一旦侵入血液，则出现菌血症。由于内毒素的作用，致使机体出现发热、无力等症状（图 4-4）。

图 4-4　动物布氏杆菌病主要症状

布氏杆菌定位于网状内皮系统、乳腺及生殖器官，从而引起睾丸炎、附睾炎、乳腺炎、子宫炎等。孕期动物对布氏杆菌最敏感，感染后常引起流产。不同动物有不同表现。

牛：潜伏期 2 周～6 个月。母牛最显著的症状是流产、胎衣滞留，有生殖道的发炎症状，阴道黏膜发生粟粒大红色结节，由阴道流出灰白色或灰色黏性分泌液。

猪：感染猪大部分呈隐性经过，少数猪呈现典型症状，表现为流产、不孕、睾丸炎、后肢麻痹及跛行、短暂发热，很少发生死亡；流产可发生于任何孕期。公猪发生睾丸炎时呈一侧性或两侧性睾丸肿胀、硬固，有热痛，病程长，后期睾丸萎缩，失去配种能力。

绵羊及山羊：常不表现症状，首先被注意到的症状也是流产；流产发生在妊娠后第 3 或第 4 个月；公畜睾丸炎；绵羊可引起绵羊附睾炎。

（2）人的临床症状：人感染潜伏期1～3周，临床可分为急性期和慢性期。

①多数缓慢起病，出现全身不适、食欲减退、头痛、肌痛、烦躁或抑郁、游走性或针刺样疼痛等症状。后期多汗，大汗后软弱无力，甚至发生虚脱，关节和肌肉疼痛，不规则热型。

②男性发生睾丸炎或附睾炎，导致睾丸肿痛，多为单侧，也可发生精索炎、前列腺炎等。女性发生卵巢炎、输卵管炎或子宫内膜炎，偶尔可导致流产。一般男性发病多于女性。

③慢性期症状多不明显，主要表现为长期低热或乏力、多汗、头痛，有固定或反复发作的关节和肌肉疼痛，常伴失眠、注意力不集中等精神症状，称为“懒汉病”“爬床病”。

7. 预防和控制

（1）动物的预防和控制

①病畜、健康畜分群圈养，养殖场建议定期排查布氏杆菌病，发现一头淘汰一头。当有流产动物时，及时检查布氏杆菌病并淘汰患病动物。引进动物要加强检疫。

②加强动物制品作业场所的消毒，如紫外灯照射、喷消毒剂。对畜产品加工工具进行消毒处理，包括紫外灯照射、煮沸消毒、消毒剂浸泡等。

③每年对畜群进行检疫，阳性一律淘汰。高发病地区增加配种前检疫1次，淘汰阳性。

本病治疗效果不好，对发病动物一般采取淘汰。流产胎儿、胎衣、羊水及阴道分泌物应深埋，被污染的场所及用具用来苏儿消毒。种群头数不多，而发病率或感染率很高时，最好全部淘汰，重新建立种群。

（2）人的防治措施

①长期接触牲畜的人员要定期接种布氏杆菌疫苗。

②加强人畜粪便管理，保护水源，防止被病畜、病人的排

泄物污染。

③长期接触发病动物的流产物、排泄物等的兽医、饲养员、挤奶员、毛肉类和乳制品加工销售人员、野生动物园的饲养人员等做好个人防护和定期体检，日常工作要戴N95口罩、戴橡胶手套、穿工作服等。

④流产动物的排泄物应深埋消毒处理。接触牲畜的个人防护品统一收集并消毒处理。

⑤发生人员感染，早发现早治疗。全身疗法可采用组胺、维生素C、葡萄糖、类固醇皮质激素治疗；局部疗法可用苯酚樟脑或薄荷脑止痒，外用氧化锌治疗红肿和水疱。多西环素和利福平（或链霉素）联用，连用6周。

第五节　狂犬病

1. 概述　俗称疯狗病，又称恐水症，是由狂犬病病毒引起的一种急性接触性传染病。表现为神经兴奋和意识障碍，后出现局部或全身麻痹而死。人被病兽咬伤感染而发病，病死率达100％。

2. 危害　狂犬病的危害，人比动物严重。我国近些年因养宠物犬的家庭逐渐增多，发病率明显上升。

3. 传染源　犬是主要的传染源，其次是猫、狼、浣熊、狐狸及蝙蝠等野生动物。

4. 流行病学

（1）传播途径：患病动物咬伤、抓伤，病毒自损伤皮肤处进入人体；或黏膜组织被病兽唾液污染（图4-5）。

（2）流行特征：无明显季节性，全年都有发生，但冬季发病略少。

（3）患者以接触家犬或野兽机会多的农村青壮年和儿童居多。

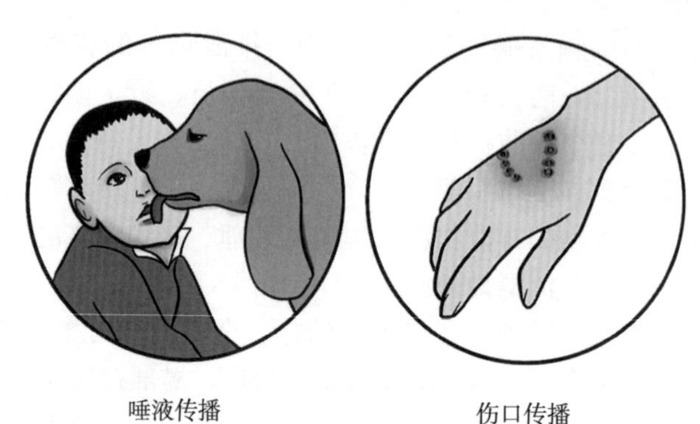

图 4-5　狂犬病传播途径

（4）病犬咬伤出现 15％～20％发病。

5. 临床症状

（1）动物：病犬、病猫等动物狂躁不安，对人或其他动物具有攻击性（图 4-6）。

图 4-6　狂犬病临床症状

（2）人：人感染发病有 3 个表现期。

①前驱期：1～4 天。

非特征表现：低热、食欲不振、恶心、烦躁、恐惧感等。

特征表现：初期，咬伤的部位发白，伤口四周有刺痛或麻痹感，有肿胀；随后伤口附近及其神经通路上出现感觉异常，如蚁走感和激烈搔痒。进一步可出现喉部紧急感，厌食，并有吞咽困难的症状出现。

②兴奋期：1～3天。

恐水；怕声、光、风等因素刺激；呼吸肌痉挛、全身抽搐、精神失常；交感神经功能亢进，出现阵发性的狂躁和流涎；体温高达39～41℃。

③麻痹期：6～18小时。

痉挛停止，由狂躁—安静—嗜睡—昏迷。各种反射减弱或消失，出现弛缓性瘫痪，最终死于呼吸及循环衰竭。整个病程一般不超过6天。病理变化可见急性弥漫性脑脊髓炎。显微镜下可见脑组织包涵体。

6. 预防和控制

（1）预防：犬、猫等宠物严加管理，定期进行疫苗接种。人被病畜咬伤，应立即清洗伤口，可用20%肥皂水、去垢剂、含胺化合物或清水充分洗涤。尽快注射狂犬病毒免疫血清、接种人用疫苗。

（2）治疗：加强对病畜管理，及时确诊，及时扑杀并无害化处理；病人加强护理，注射破伤风抗毒素或类毒素，对症抗菌药物。预防接种后并发神经系统反应者可给予肾上腺皮质激素。

第六节 伪狂犬病

1. 概述 伪狂犬病由伪狂犬病病毒引起，以发热、奇痒及脑脊髓炎为主要症状，是多种家畜及野生动物共患的一种急性传染病。该病在猪呈暴发性流行，引起妊娠母猪流产、死胎，公猪不育，新生仔猪大量死亡，育肥猪呼吸困难、生长停滞等。

2. 危害 猪伪狂犬病是世界范围内家猪最主要的疫病之

一，现已成为危害世界养殖业的灾难性疫病，被世界动物卫生组织列为法定报告的动物疫病。

近年来大量的研究成果表明猪伪狂犬病病毒跨物种感染人，对人造成危害，对公共卫生造成威胁。

3. 流行病学

(1) 伪狂犬病病毒感染动物广泛，以猪最为敏感，其次是牛、羊、犬、猫、鼠、兔、貂、狐、熊等。

(2) 猪和鼠类是自然界中病毒的主要贮存宿主，既是原发感染动物，又是病毒的长期贮存和排毒者，是其他家畜发病的疫源动物。犬和猫发病主要发生在猪伪狂犬病流行地区，是由于吃了病死的鼠、猪和牛的肉而感染。

(3) 本病在世界各地存在，一年四季均有发生，冬、春季多发，

4. 临床症状

(1) 猪：病毒侵害各阶段的猪群，幼龄猪最易感，病情最严重。

①新生仔猪：大量死亡，出生第 2 天开始发病，3～5 天整窝死完。病仔猪可见神经症状，如昏睡、尖叫、呕吐、腹泻。剖检可见肾脏布满针尖样出血点，肺水肿，脑膜表面充血、出血。

②15 日龄仔猪：发病死亡率 100%，体温 41℃以上，发抖、运动不协调、痉挛、呕吐、腹泻。

③断奶仔猪：发病率 20%～40%，死亡率 10%～20%，表现为神经症状、腹泻、呕吐等。

④成年猪：多为隐性感染，症状轻微，易于恢复。主要表现为发热、精神沉郁，有些病猪呕吐、咳嗽，一般于 4～8 天内完全恢复。

⑤怀孕母猪：流产、产木乃伊胎儿或死胎，发生在任何阶段的母猪，无严格的季节性，但以寒冷季节多发。

⑥种猪：母猪，返情率高达90%，屡配不孕。公猪表现出睾丸肿胀、萎缩，丧失种用能力。

（2）犬、猫

典型表现：肌肉痉挛、头部和四肢奇痒，疯狂啃咬痒部和嚎叫，下腭和咽部麻痹、流涎等，36小时内死亡。

非典型症状：40%的猫为非典型症状，病程较长，表现为精神沉郁、虚弱、吞咽困难，节奏性摇尾、面部肌肉抽搐、瞳孔不均等症状。

组织学变化：弥漫性非化脓性脑膜炎、脑膜充血及脑脊液增量，在患病犬、猫脑神经细胞和星形细胞内可见核内包涵体。

（3）人：人感染伪狂犬病毒表现为反复发热、头痛、视力下降，抗生素治疗无效。

5. 预防和治疗

（1）猪

①疫苗免疫接种：是预防和控制伪狂犬病的根本措施，合理地使用疫苗。

②保证各个阶段猪只合理营养供给：实行“小产房”“小保育”“低密度”“分阶段饲养”的饲养模式，加强日常管理，对全场种猪（含公母种猪及后备猪群）进行临床观察、检测阳性淘汰及生产繁殖性能的调查。

③加强消毒：猪舍的地面、墙壁、设施及用具等用不同成分消毒药每周消毒1～2次。粪尿发酵处理，分娩栏、粪坑、沟道等用2%的氢氧化钠溶液消毒，每5～6天消毒1次。

（2）人

①由于职业等原因与猪或其他动物频繁接触的人，要注意个人的卫生防护，当皮肤有破损时，更要小心被感染。

②养殖场的生活区和饲养区要远离或隔离。

③饲养人员要加强学习人畜共患疫病相关知识，同时对饲养动物定期进行预防接种。

④食用乳、肉、蛋等要煮熟，禁止吃生食。

图书在版编目（CIP）数据

实用兽医技术/宋春莲，舒相华主编．—北京：中国农业出版社，2021.8（2023.9 重印）
（中国工程院科技扶贫职业教育系列丛书）
农业农村部农民教育培训规划教材
ISBN 978-7-109-28534-7

Ⅰ.①实… Ⅱ.①宋… ②舒… Ⅲ.①兽医学－技术培训－教材 Ⅳ.①S85

中国版本图书馆 CIP 数据核字（2021）第 140709 号

实用兽医技术

SHIYONG SHOUYI JISHU

中国农业出版社出版

地址：北京市朝阳区麦子店街 18 号楼

邮编：100125

责任编辑：郭元建

版式设计：杜　然　　责任校对：沙凯霖

印刷：中农印务有限公司

版次：2021 年 8 月第 1 版

印次：2023 年 9 月北京第 8 次印刷

发行：新华书店北京发行所

开本：850mm×1168mm　1/32

印张：4.75

字数：110 千字

定价：20.00 元
